工业和信息化精品系列教材

PowerPoint 2016

多媒体课件设计与制作

实战教程｜微课版

于春玲 宋祥宇 ◎ 主编
王秋艳 刘万辉 ◎ 副主编

人民邮电出版社
北　京

图书在版编目（ＣＩＰ）数据

PowerPoint 2016多媒体课件设计与制作实战教程：微课版 / 于春玲，宋祥宇主编. -- 北京：人民邮电出版社，2022.7
工业和信息化精品系列教材
ISBN 978-7-115-56268-5

Ⅰ. ①P… Ⅱ. ①于… ②宋… Ⅲ. ①图形软件－教材 Ⅳ. ①TP391.412

中国版本图书馆CIP数据核字(2021)第056821号

内 容 提 要

本书主要讲解 PowerPoint 2016 多媒体课件设计与制作的相关知识。本书结构清晰，应用案例丰富，图文并茂。全书共 12 章，内容分别为 PPT 课件制作概述，PPT 课件的教学设计，PPT 课件的模板设计，PPT 课件中文字与图形的使用，PPT 课件中图片的使用，PPT 课件中图表的应用，PPT 课件中的音频与视频，PPT 课件中的动画技术，PPT 课件的交互，PPT 课件中的插件应用，PPT 课件的打包与共享，教学设计 PPT 课件综合制作实例。

本书既可作为各类院校计算机办公自动化专业以及计算机应用等相关专业的教材，也可作为各类社会培训学校的教材，还可供 PowerPoint 初学者、办公人员自学使用。

◆ 主　　编　于春玲　宋祥宇
　　副主编　王秋艳　刘万辉
　　责任编辑　刘　佳
　　责任印制　焦志炜

◆ 人民邮电出版社出版发行　　北京市丰台区成寿寺路 11 号
　　邮编　100164　电子邮件　315@ptpress.com.cn
　　网址　https://www.ptpress.com.cn
　　三河市君旺印务有限公司印刷

◆ 开本：787×1092　1/16
　　印张：16　　　　　　　　　　　　2022 年 7 月第 1 版
　　字数：460 千字　　　　　　　　 2022 年 7 月河北第 1 次印刷

定价：59.80 元

读者服务热线：(010)81055256　印装质量热线：(010)81055316
反盗版热线：(010)81055315
广告经营许可证：京东市监广登字 20170147 号

在信息技术应用能力中，教学课件的制作最能体现出教师教学设计、教学媒体制作的能力。为顺应"金课"建设，满足新时代的教师要不断提升自身的教学设计能力、教学实施能力、教育技术应用能力的要求，我们选择 PowerPoint（以下简称 PPT）这款功能强大的教学课件制作软件作为载体编写了本书。

本书以提升教师的教学 PPT 课件制作能力为目标，以大量教学能力比赛获奖作品的实例为载体，模块化设计教学内容。

1. 本书特色

本书有三大特色。

第一，针对常用的教学设计模式，提供了丰富的获奖案例展示。

本书不仅提供了 20 多个教学能力比赛获奖作品案例和 50 多个针对多个专业大类的教学设计模板，使各个学科的教师迅速提升课件的设计开发能力；同时还提供了近 10 种基于任务式、问题式、探究式、混合式等多种教学模式的教学设计课件案例。

第二，高效的 PPT 课件编辑技法。

通过专题模块，直观讲解 PPT 课件中的文字、模板、图片、表格、线条、动画等的使用技巧。这些技巧使广大教师能够快速掌握制作 PPT 课件的要领，少走弯路！

第三，教学示范操作精细。

针对 PPT 课件中的文字、模板、图片、表格、线条、动画等内容的使用技巧，我们制作了 63 个教学视频，讲解专业，"干货"满满。

2. "微课云课堂"的使用方法

扫描封面上的二维码或者直接登录"微课云课堂"（www.ryweike.com）→用手机号码注册→在用户中心输入本书激活码（07b98216），将本书包含的微课资源添加到个人账户，获取永久在线观看本课程微课视频的权限。

此外，购买本书的读者还可获得一年期价值 168 元的 VIP 会员资格，可免费学习 50 000 个微课视频。

3. 教学资源

本书提供了 40 多个教学设计参赛项目案例文件、100 套 PPT 模板，同时免费提供了 63 个核心知识点的讲解微课视频，供读者参考。

本书由于春玲、宋祥宇任主编，王秋艳、刘万辉任副主编。其中，刘万辉编写第1、第2章，于春玲编写第3~第6章，王秋艳编写了第7、第8、第11章，宋祥宇编写第9、第10、第12章。

由于编者水平有限，不足之处在所难免，敬请广大读者批评指正。

编　者

2022 年 1 月

目　录
CONTENTS

第 1 章

PPT课件制作概述

1.1 PPT 课件介绍

现在随着计算机的普及和多媒体技术的发展,教师运用 PPT 课件教学已成为一种常态。因而制作 PPT 课件也成为教师的一项基本功。

1.1.1 PPT 课件简介

课件(courseware)是根据教学大纲的要求和教学的需要,经过教学目标确定、教学内容和任务分析、教学活动结构及界面设计等环节而制作的课程软件。多媒体课件是根据教学大纲的要求和教学的需要,经过严格的教学设计,并以多种媒体的表现方式和超文本结构制作而成的课程软件。

PPT 课件是 PPT 多媒体教学课件的简称,指根据教师的教案,以 PPT 为载体,把需要讲述的教学内容通过计算机多媒体(视频、音频、动画、图片、文字)进行展示的教学课件。

那么,PPT 究竟是什么呢?

PPT(Microsoft Office PowerPoint)是指用 PowerPoint 制作的文档的简称。PowerPoint 是美国伯克利大学的罗伯特·加斯金斯(Robert Gaskins)博士发明的。后来,微软(Microsoft)公司收购了 PowerPoint,并将其发展壮大。由于当时 Microsoft 公司在进行文件命名的时候后缀名不能超过 3 个字母,所以就有了 PPT 之称,从 PowerPoint 2007 版本以后 PPT 的后缀变为了.pptx,PPT 也可以保存为 PDF 格式、图片格式、WMV 视频格式等。

由于 PPT 课件的制作和编辑方式便捷且资源丰富,因而其受到了广大教育工作者的青睐,在日常教学、培训、工作汇报、课题报告、信息交流等场合中得到了广泛的应用。今天常用的 PowerPoint 版本有 PowerPoint 2010、PowerPoint 2013、PowerPoint 2016、PowerPoint 2019、Office 365 等,本书将以 PowerPoint 2016 版本为主要载体进行讲解。

1.1.2 PPT 课件的作用

PPT 课件的应用目的在于改善教学活动的环境与过程,调动学生的学习积极性,提高教学质量。所以,PPT 课件与课程内容有着直接联系。在教学活动中只有了解 PPT 课件的作用才能更好地运用 PPT 课件,PPT 课件主要具有以下作用。

1. PPT 课件具有备课的功能

PPT 课件的制作与使用能够更有利地辅助教师的教学,教师如果备好了 PPT 课件,在教学过程中就可以以 PPT 课件为主线进行授课了。PPT 课件能够把教师所要准备的内容表达清楚,如 PPT 课件要体现出教学内容的选择、教学目标的制定、学生的学习方法和教学互动环节的设计、教学的方法和教学过程的设计、课堂练习的设计等内容。教师在制作 PPT 课件的时候这些内容都要考虑进去，这样才能制作出适用的 PPT 课件。PPT 课件的制作与使用要符合实际教学，符合学生的认知规律，要做到前后衔接、逻辑严密，重点突出、难点突破、层次分明、过渡自然。这样的 PPT 课件就具有了备课的功能。

2. PPT 课件有利于提高教学效率

教师制作与使用的 PPT 课件能够将授课内容以各种形式呈现出来，这样在一定程度上能够节省教师在黑板上进行板书的时间，以便有更多时间进行讲解、与学生进行交流；同时教师可以很容易地使用和支配更多的信息资源，这就扩大了教师对教学资源的控制范围，并且为学生的学习提供了帮助。

3. PPT 课件有利于增强教学效果

PPT 课件能呈现出形象的视觉和听觉效果，能起到突出重点、集中学生注意力的作用。生动的画面能激发学生的学习兴趣，加深学生对学习内容的印象和理解；PPT 课件还能使教学内容一目了然，使学生很容易抓住重点和难点。

4. PPT 课件使教学内容清晰直观

运用 PPT 课件动态演示教学内容，可提高学生的认知技能，展示教学过程并启发学生思维。运用 PPT 课件动态演示教学内容，可把知识的形成过程直观、生动、便捷地展示在学生面前，帮助学生掌握其内在规律，完成知识的构建。

利用 PPT 课件教学使得教学内容更为直观，形式更为生动活泼。传统的课堂教学模式相对比较单一、呆板，一定程度上影响了课堂教学的预期效果，特别是在一些直观性和现场性比较强、要求学生增强感性认识的学科教学上，传统的课堂教学模式显得有些力不从心。利用 PPT 课件教学则通过多种现代教学设备，将教学内容以解说、音乐、模拟语音、合成效果等声音传达给学生，以静态图片、动态录像、效果图、过程演示、视频、动画等形式展现在学生面前，大大丰富了教学内容的表现力和 PPT 课件的外在张力。

1.1.3 PPT 课件的评价标准与基本要求

1. PPT 课件的评价标准

评价一个 PPT 课件的优劣，首先要关注这个 PPT 课件是否以达到教学目标为目的，是否具有清晰的教学设计与正确的教学内容，是否采用恰当的技术与媒体实现了教学设计。PPT 课件需要从目标性、教学性、科学性、技术性等维度进行评价。

（1）目标性

PPT 课件的应用要有明确的教学对象与教学目标，有明确的教学设计思想和教学策略，PPT 课件的目标性要符合以下几个方面的要求。

第一，PPT 课件应明确使用范围及期望学生获得的学习效果。

第二，PPT 课件的教学目标要符合课程标准或教学大纲的要求，适应教学的实际需要；要服务于教学实践，应用到教学之中。

第三，PPT 课件的教学目标要符合学生的认知规律和教学规律。

（2）教学性

PPT 课件的教学性重点强调 PPT 课件可以解决教学中的重点与难点，体现了 PPT 课件的优势。例如，如何通过图片、动画、音频、视频等形象地展现教学内容，如何进行宏观的架构，如何对微观的、抽象的事物进行模拟，如何通过形象直观的形式进行表达，将复杂的过程简单化。

PPT 课件的教学性主要从以下几个方面进行考虑。

第一，PPT 课件应逻辑清晰，通过思维导图、目录、导航、超链接等方式组织教学内容。

第二，PPT 教学内容的选取、表达和组织能体现预定的有关规范与要求。

第三，教学内容应充分体现 PPT 课件的优势，形式服务于内容，恰当地选择媒体的表达形式。

第四，教学内容的逻辑顺序要尽量由易到难、由简到复杂，符合学生的认知规律。

第五，单体 PPT 课件呈现的教学内容的多少要考虑学生的认知负荷。

PPT 课件的教学性要充分体现 PPT 课件直观、具体、形象的优势，借助优秀的教学设计，选择恰当的媒体资源，设计制作优秀的 PPT 课件。

（3）科学性

PPT 课件的科学性可以理解为：PPT 课件表达的教学内容要正确、逻辑要严谨、层次要清晰，没有教学内容的知识性错误；PPT 课件的表现形式、所选择的教学媒体要符合科学规律。

PPT 课件的科学性主要从以下几个方面进行考虑。

第一，思想健康，有利于学生身心发展，无政策性错误。符合国家有关法律、法规和政策规定，结合教学内容进行思想政治教育，培养学生的情感、态度、价值观。

第二，教学内容正确，无科学性错误。教学内容及其表达方式要符合学科的基本规律，引用的材料、数据要符合事实，符合国家的有关规范要求。

第三，语言文字规范。

（4）技术性

PPT 课件的技术性是指开发 PPT 课件所采用的工具与使用的功能，以及实现的交互方式。另外 PPT 课件的技术性还体现在 PPT 课件运行的兼容性与稳定性上。

PPT 课件的技术性具体体现在以下几个方面。

第一，PPT 课件能在不同的计算机上正确运行，字体能够正常显示，外部链接文件能够正常播放，对系统的依赖性小。

第二，PPT 课件内容加载速度快，声音与画面同步，响应迅速。

第三，PPT 课件交互合理，能响应使用者不当的操作。

2. PPT 课件的基本要求

从形式上讲，PPT 课件的基本要求如表 1-1 所示。

表 1-1　PPT 课件的基本要求

类别	要求
文件格式	最好使用 PPT 或 PPTX 格式，不使用 PPS 格式。如果有内嵌音频、视频或动画，则应在相应目录中单独提供一份未嵌入的文件，同时提供关于最佳播放效果的软件版本说明
模板应用	模板朴素、大方，颜色适宜，便于长时间观看；在模板的适当位置标明课程名称、模块（章或节）序号与模块（章或节）名称
	多个页面均有的相同元素，如背景、按钮、标题、页码等，可以使用幻灯片母版来实现
版式设计	每页版面的字数不宜太多。正文字号应适中，使用 Windows 系统默认字体，可以使用常用的微软雅黑，不要使用仿宋、细圆等过细字体，不要使用特殊字体，如有特殊字体需要应将其转化为图形文件
	文字要醒目，避免使用与背景色相近的字体颜色
	页面行距建议为 1.25 倍以上，可适当增大，左右边距均匀、适当
	页面设计的原则是版面内容的分布美观大方
	恰当使用组合：某些插图中位置相对固定的文本框、数学公式及图片等应采用组合方式，避免产生相对位移
	尽量避免不必要的组合，在不同对象、文本的动作需要同时出现时，可确定彼此之间的时间间隔为 0 秒
	各级标题采用不同的字体和颜色，一张幻灯片上文字颜色限定在 4 种以内，注意文字与背景色的反差
动画方案	不宜出现不必要的动画效果，不使用随机效果
	动画自然连续，节奏合适
导航设计	文件内部链接都采用相对链接，并能够正常打开
	使用超级链接时，要在目标页面设置"返回"按钮
	鼠标移至按钮上时要求显示出该按钮的操作提示
	不同位置使用的导航按钮保持风格一致或使用相同的按钮

1.1.4 多媒体课件的地位与教学作用

1. 多媒体课件的地位

教学是一个由教师、学生、教学内容、教学方法和工具手段构成的系统。不难看出，作为工具手段之一的多媒体课件是这个教学系统的一个组成部分，它只有与教师、学生、教学内容、教学方法等因素有机结合起来，并在师生的控制和操作下才能发挥其应有的作用。所以，多媒体课件在教学中不是处于中心地位，在教学中处于中心地位的仍然是人——教师和学生。多媒体课件是连接教学双方的桥梁和纽带，是实现计算机辅助教学过程的中介或载体。

值得注意的是，在 CAI 实践中，有些人容易将多媒体课件放在教学的核心地位，多媒体课件不是为师生的活动服务，而是师生围绕着多媒体课件转，教学中师生迁就多媒体课件、受其约束的现象时有发生。甚至在有的课堂教学过程中，课件成为第一讲授者，教师变成媒体播放员或第二讲授者（重复者）。课件或是挤占师生的活动空间，或是游离于教学活动之外，这样一来，多媒体课件的教学作用不仅没有得到发挥，反而引起人们对多媒体课件教学作用的误解。

对多媒体课件的设计、制作、应用和评价应在整体教学系统的大背景下进行，不能将多媒体课件从整体的教学系统中剥离出来，将其作为一个独立的或封闭的"系统"。多媒体课件是教学系统中的子系统。把多媒体课件等同于一个完整教学系统的观点是错误的，这不仅造成了相关概念的混乱，而且不能正确地把握多媒体课件在教学过程中所处的地位。

2. 多媒体课件的教学作用

多媒体课件的教学作用有以下几点。

（1）提供多元化的信息展示方式

传统的教学主要依靠抽象的文字来表述教学内容。文字有简洁、概括等特点，学生主要借助文字这个较为简便的"工具"来认知气象万千的世界。从人类经济和科技发展的历史条件看，文字确实不失为一种简洁、经济的信息符号系统。但是，世界毕竟是五彩缤纷的，当将五彩缤纷的世界统统由抽象的文字来表示，用它进行交流和教学时，存在的缺陷和困难不言而喻。多媒体课件以文字、图片、音频和视频等多种符号载体来呈现事物、现象、观念和思想，给教学双方提供了多元化的信息展示方式，这有利于克服单一媒体符号在信息交流中存在的困难和障碍，极大地丰富了教学信息的表现形式。

（2）为培养多维化的思维方式创造条件

在以"口语+文字"为主的时代，对学生的培养也是以一维的线性思维为主。应当说，语言文字的功能是开放的，这表现在：能用旧词表达新的意义，能用字词的组合来指代层出不穷的新生事物、生成新的意义。无论出现多少新的事物、现象和观念，总会有相应的文字符号来对其进行表达。然而，语言文字缺少其他媒体符号特有的功能。更重要的是，一维的线性思维对学生创造性思维的培养存在一定程度的制约。多媒体课件的应用能使学生的抽象思维和形象思维都得到发展，从而有利于学生多维化思维方式的形成。

（3）为灵活的、多样化的学习步骤提供基础

多媒体课件在呈现信息上可以使用多种信息组合方式和结构，如使用非线性的网状结构等。界面和框面间的灵活跳转形成多种信息呈现步骤和途径，这就为多重学习目标的实现、多个学习路径的发展和多层学习水平的展开创造了条件，也为教师灵活控制教学进程、学生自主学习时进行灵活把握奠定了基础，有利于因材施教。

（4）为教学提供大容量和集成化的教学信息资源

多媒体课件在一定单位时间内，相较于传统教学方式能呈现更多的教学信息，多媒体课件能将文字、图形、图像、音频、视频集成，为教师备课、丰富教与学，提供了极大的方便。

1.1.5 PPT 课件的制作流程

扫码观看微课视频

PPT 课件的制作要素具体包括 PPT 课件的表现内容要素、表现形式要素、技术实现要素 3 个。

表现内容要素：指 PPT 课件所要传递的教学信息。

表现形式要素：指 PPT 课件以什么样的形式表现教学信息，如音频+视频、文本+视频、文本+图片+视频等，如何将教学内容转换成这类课件是工作的重点和中心。

技术实现要素：指为把教学内容按照预定的表现形式表现出来的技术实现方案。

对于 PPT 课件的制作流程，在此，主要介绍使用教案设计法与五步骤设计模式制作 PPT 课件的流程。

1. 教案设计法

使用教案设计法制作 PPT 课件的流程如图 1–1 所示。

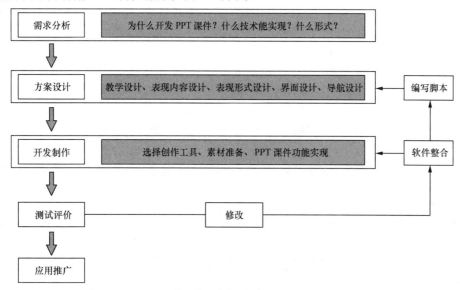

图1–1　使用教案设计法制作PPT课件的流程

制作 PPT 课件需要设计脚本，而将备课过程和 PPT 课件制作结合起来是制作 PPT 课件的一种高效合理的方法，相较于设计 PPT 课件脚本，教师当然更熟悉编写教案，教师可以在教案里直接进行 PPT 课件脚本的设计。

在 PPT 课件脚本中要体现如下内容。

哪些内容需要借助多媒体方式表达？是使用图片还是动画？需要声音效果吗？

哪些教学任务或活动需要通过计算机来实现？如创设学习情境、模拟实验过程等。

哪些内容更适合使用计算机来完成？如随机点名、测试，提供个别学习指导，及时向学生提供反馈信息，检测答题情况等。

2. 五步骤设计模式

在教学实践中，还有大量的帮助教师教学的 PPT 课件需要开发。就普通学校来讲，大多数 PPT 课件是由单个教师或几个教师联合开发制作的，这就需要更为简洁方便的 PPT 课件开发模式。总结现阶段国内各学校的 PPT 课件开发经验和教训，PPT 课件开发和制作的五步骤如表 1–2 所示。

表 1-2　PPT 课件开发和制作的五步骤

步骤	各步骤所做的工作
需求分析	了解教学的需求，了解学生的状态，确定 PPT 课件主题、类型和风格，完成对 PPT 课件的整体规划
教学设计	确定 PPT 课件具体的教学目标、分析处理教学内容，对 PPT 课件的知识流程和教学策略做出具体的安排，写出文字稿本、美工草案等，完成制作的总体方案
媒体素材制作	依据文字稿本和美工草案等制作各种媒体素材
PPT 课件编辑制作	将媒体素材按教学设计的整体方案进行编辑链接，产生 PPT 课件
试验与评价	在教学中试用，请专家评估等，将 PPT 课件修改完善

第一步：需求分析。首先，要弄清楚 PPT 课件是用来满足哪种教学需求的，是帮助教师的教还是学生的学？其次，要分析是用 PPT 课件来解决教学中的什么问题，是掌握知识还是培养技能？总之，要了解教学的需求。只有掌握了教学的需求才能决定 PPT 课件的主题和类型，形成 PPT 课件开发提纲。

第二步：教学设计。当弄清楚了教学的需求，确定了 PPT 课件的主题、类型及风格后，便可在 PPT 课件开发提纲的基础上进一步具体化，即进行 PPT 课件的教学设计，具体要做以下几方面的工作。

➤ 针对教与学的需求，确定该 PPT 课件所要达到的教学目标。

➤ 了解并描述学生的一般特征及完成新学习任务的准备状态。

➤ 结合教学目标和学生的特点，对 PPT 课件内容进行详细的分析，找出相应的知识点。

➤ 安排 PPT 课件的基本流程或教学策略，即对教学顺序、呈现和控制策略进行组合，从整体上对 PPT 课件的呈现策略和控制流程给予规划和安排。将教学内容（知识点）与该流程结合起来或者将知识点放入 PPT 课件的流程框架中，形成总体方案。

第三步：媒体素材制作。根据教学设计的总体方案，写出各媒体的文字稿本、图形及美工草案或详细说明等。并按这些文字稿本、图形、美工草案和详细说明等制作文本、图形、音频、视频等多媒体素材。

第四步：PPT 课件编辑制作。将分别制作的媒体素材按教学设计的整体方案进行编辑链接，最后完成整个 PPT 课件产品。

第五步：试验与评价。将初步完成的 PPT 课件拿到教学中试用，发现问题并及时将其修改完善。

1.2 PowerPoint 2016 的基本操作

扫码观看微课视频

1.2.1 PowerPoint 2016 工作界面

启动 PowerPoint 2016，执行"开始"→"Microsoft PowerPoint 2016"命令，新创建一个演示文稿文档，如图 1-2 所示。

图1-2 PowerPoint 2016工作界面

1. 标题栏

标题栏位于 PowerPoint 2016 工作界面的最上方，用于显示当前正在编辑的演示文稿和程序名称。拖动标题栏可以改变窗口的位置，用鼠标双击标题栏可最大化或还原窗口。在标题栏的最右侧是"最小化"按钮－、"最大化"按钮□、"还原"按钮❐和"关闭"按钮✕，用于执行窗口的最小化、最大化、还原和关闭操作。

2. 快速访问工具栏

快速访问工具栏位于 PowerPoint 2016 工作界面的左上方，用于快速执行一些操作。默认情况下快速访问工具栏中包括 4 个按钮，分别是"保存"按钮🖫、"撤销键入"按钮↩、"重复键入"按钮↻和"从头开始播放"按钮🖵。在 PowerPoint 2016 的使用过程中，用户可以根据实际工作需要，添加或删除快速访问工具栏中的按钮。

3. Backstage 视图

Backstage 视图是对文档执行操作的命令集。打开一个文档，并单击"文件"选项卡即可查看 Backstage 视图。在该视图中可以对演示文稿的相关数据（新建、保存、打开或关闭等）进行方便有效的管理，如图 1-3 所示。

图1-3　Backstage 视图

4. 功能区

PowerPoint 2016 的功能区位于标题栏的下方，默认情况下由 10 个选项卡和 1 个智能搜索框组成，分别为"文件""开始""插入""设计""切换""动画""幻灯片放映""审阅""视图""帮助"选项卡，以及一个"告诉我你想要做什么"的智能搜索框。每个选项卡中包含不同的功能组，每个组由若干功能相似的按钮和下拉列表组成，如图 1-4 所示。

图1-4　功能区

5. 幻灯片编辑窗格

幻灯片编辑窗格位于 PowerPoint 2016 工作界面中间，在此区域内可以向幻灯片中输入内容并对内容进行编辑、插入图片、设置动画效果等，是 PowerPoint 2016 的主要操作区域。

6. 大纲/幻灯片浏览窗格

大纲/幻灯片浏览窗格位于幻灯片编辑窗格的左侧，主要显示演示文稿中所有的幻灯片。

7. 备注窗格

备注窗格位于 PowerPoint 2016 工作界面的下方，用于为幻灯片添加备注，从而完善幻灯片的内容，便于用户查找编辑。

8. 状态栏

状态栏位于 PowerPoint 2016 工作界面的最下方，PowerPoint 2016 的状态栏显示的信息更丰富，具有更多的功能，如查看当前浏览页、幻灯片张数、进行语法检查显示语言等。

扫码观看微课视频

9. 视图切换按钮

视图切换按钮主要包含 5 个视图切换按钮，分别为：普通视图、幻灯片浏览视图、阅读视图和幻灯片放映状态视图。

1.2.2   幻灯片的创建与页面设置

演示文稿是 PowerPoint 中的文件，它由一系列幻灯片组成。幻灯片可以包含醒目的标题、合适的说明文字、生动的图片及多媒体组件等元素。

1. 新建空白演示文稿

如果用户对要创建的演示文稿的结构和内容比较熟悉，可以从创建空白的演示文稿开始，操作步骤：切换到"文件"选项卡，选择"新建"命令，选择中间窗格内的"空白演示文稿"选项，即可创建一个空白演示文稿。

2. 根据模板新建演示文稿

用户借助演示文稿的华丽性和专业性，可以充分感染观众。如果用户没有太多的美术基础，可以用 PowerPoint 模板来构建多种多样的具有专业水准的演示文稿。切换到"文件"选项卡，选择"新建"命令，即可浏览到软件自带的各种模板，选择"欢迎使用 PowerPoint"模板，即可弹出一个"欢迎使用 PowerPoint"模板的窗口，如图 1-5 所示。

在编辑演示文稿的同时，还需要对演示文稿进行保存，以防止误操作而造成的演示文稿丢失。对演示文稿编辑完成后，可以将演示文稿关闭，进而结束编辑工作。

图1-5　"欢迎使用PowerPoint"模板

3. 保存演示文稿

在 PowerPoint 2016 中，编辑完演示文稿以后，需要将演示文稿保存起来，方便下次使用，下面将详细介绍保存演示文稿的操作。

① 打开演示文稿，选择"文件"选项卡；在打开的 Backstage 视图中选择"保存"选项。

② 弹出"另存为"对话框，选择准备保存文件的目标位置；在"文件名"文本框中，输入准备保存的文件名；单击"保存"按钮。

③ 返回演示文稿，用户可以看到保存后的演示文稿标题名称已变为刚刚修改的文件名。

4. 关闭演示文稿

退出 PowerPoint 2016 时，打开的演示文稿文件会自动关闭，如果希望在不退出 PowerPoint 2016 的前提下关闭演示文稿文件，可以按照以下方法进行操作。

打开演示文稿，选择"文件"选项卡；在打开的 Backstage 视图中选择"关闭"选项。

5. 打开演示文稿

对于已经保存或者编辑过的演示文稿，用户可以再次将其打开进行查看与编辑。启动 PowerPoint 2016，选择"文件"选项卡；在打开的 Backstage 视图中选择"打开"选项，弹出"打开"对话框，选择准备打开文件的目标位置；选择准备打开的文件；单击"打开"按钮，即可完成打开演示文稿的操作。

6. 设置幻灯片的大小和方向

在打印幻灯片之前，需要对幻灯片的页面进行设置，包括设置幻灯片的大小和方向等，下面详细介绍设置幻灯片大小和方向的操作方法。

打开演示文稿，选择"设计"选项卡；在"自定义"组中单击"幻灯片大小"按钮，弹出菜单，选择"自定义幻灯片大小"选项，如图 1-6 所示，弹出"幻灯片大小"对话框，如图 1-7 所示，可以根据需要设置幻灯片的大小。

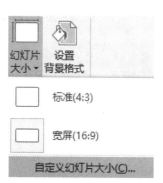

图1-6　"自定义幻灯片大小"选项

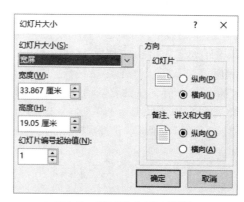

图1-7　"幻灯片大小"对话框

7. 设置页眉和页脚

如果准备将幻灯片的编号、时间和日期、演示文稿的标题和演示者的姓名等信息添加到演示文稿中，还可以为幻灯片设置页眉和页脚，下面介绍其具体操作方法。

① 打开演示文稿，选择"插入"选项卡，在"文本"组中单击"页眉和页脚"按钮，如图 1-8 所示。

图1-8　"页眉和页脚"按钮

② 弹出"页眉和页脚"对话框，选择"幻灯片"选项卡，选中"日期和时间"复选框，选中"自动更新"单选按钮，选中"幻灯片编号"复选框，选中"页脚"复选框，并在其文本框中输入文本内容，单击"全部应用"按钮，如图 1-9 所示。

图1-9　"页眉和页脚"对话框

③ 用户可以看到演示文稿中幻灯片的页眉和页脚都已经添加了相关内容。

1.2.3　插入各种多媒体元素

在制作演示文稿的过程中，特别是在制作商务宣传类演示文稿时，可以为幻灯片添加一些合适的音频，添加的音频可以配合图文，使演示文稿变得有声有色，更具感染力。

1. 插入音频

① 打开"插入"选项卡，在"媒体"组中单击"音频"的下三角按钮，在弹出的列表框中选择"PC 上的音频"选项，如图 1-10 所示。

② 弹出"插入音频"对话框，选择素材文件夹下的"背景音乐.wav"音频文件，单击"插入"按钮，如图 1-11 所示。

图1-10　"PC上的音频"选项

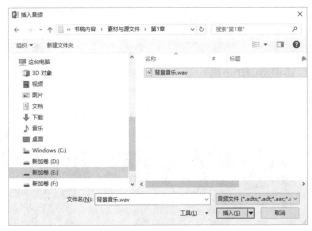

图1-11　"插入音频"对话框

③ 执行操作后，如图 1-12 所示，可以拖曳音频图标至合适位置，按<F5>键后幻灯片播放，单击播放按钮就可以听到插入的音频。

④ 选择音频文件，在"音频工具"→"播放"面板下，设置"开始"为"单击时"，如图 1-13 所示，按<F5>键后幻灯片播放，音乐将自动播放。

图1-12　插入音频

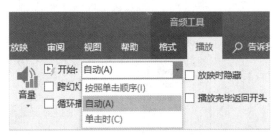

图1-13　设置音频的播放方式为"自动"

在默认情况下，PowerPoint 2016 会将音频文件自动嵌入至演示文稿中。

2. 插入录制的声音

如果需要插入自己录制的声音，用户可以通过话筒进行录制，再插入幻灯片中。具体操作方法如下。

① 打开演示文稿，切换至"插入"选项卡，在"媒体"组中单击"音频"的下三角按钮，在弹出的列表框中选择"录制音频"选项。

② 弹出"录制声音"对话框，如图 1-14 所示，单击红色圆点的"录制"按钮即可开始录制，录制界面如图 1-15 所示。

图1-14　"录制声音"对话框　　　　　　　　　图1-15　录制界面

③ 单击蓝色正方形的"停止"按钮，即可停止录制，单击"确定"按钮，即可插入录制的声音。

3. 插入视频

插入视频的具体操作方法如下。

① 打开"视频的使用.pptx"，切换至"插入"面板，在"媒体"组中单击"视频"的下三角按钮，在弹出的列表框中选择"PC 上的视频"选项，如图 1-16 所示。

② 弹出"插入视频文件"对话框，选择素材文件夹下的"视频样例.wmv"视频文件，单击"插入"按钮，如图 1-17 所示。

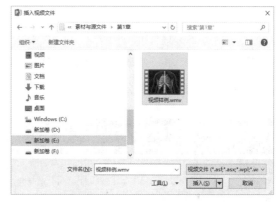

图1-16　"PC上的视频"选项　　　　　　　图1-17　"插入视频文件"对话框

③ 执行操作后，如图 1-18 所示，可以拖曳视频图标至合适位置，按<F5>键后幻灯片播放，单击播放按钮就可以播放视频，如图 1-19 所示。

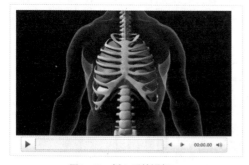

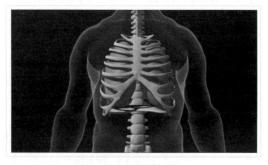

图1-18　插入后的视频　　　　　　　　　　图1-19　视频播放效果

1.3　高效的 PowerPoint 2016 新增功能

PowerPoint 2016 作为庞大的办公软件集合中的一款，其强大的功能不仅极大地提高了用户对计算机的体验感，而且将更加方便广大教师进行 PPT 课件开发。

1.3.1　PowerPoint 2016 新增的功能

1. 在"插入"选项卡中新增"公式-墨迹公式"功能

执行"插入"→"公式"→"墨迹公式"命令，如图 1-20 所示。

图1-20　新增"公式-墨迹公式"功能

在这里可以手动输入复杂的数学公式，"墨迹公式"属性设置如图 1-21 所示。

图1-21　"墨迹公式"属性设置

2. 新增 6 种图表类型

在 PowerPoint 2016 中的"插入"选项卡中新增加了 6 种图表类型：旭日图、树状图、漏斗图、直方图、箱形图、瀑布图。以帮助用户创建分层信息中一些最常用的可视化数据，以及显示用户数据中的统计属性，如图 1-22 所示。

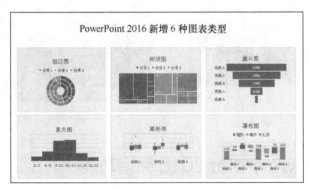

图1-22　PowerPoint 2016 新增的 6 种图表类型

3. "插入"选项卡中新增了"屏幕录制"功能

如果想要将演示文稿录制成视频，往往需要安装第三方屏幕录制软件，但是在 PowerPoint 2016 中则集成了屏幕录制这项功能。该功能特别适合演示，只需要在屏幕上设置录制的内容，然后执行"插入"→"屏幕录制"命令，如图 1-23 所示，并且通过一个无缝过程选择要录制的屏幕部分、捕获所需内容，录制完成后单击组合键<Win+Shift+Q>停止录制，如图 1-24 所示，并将其直接插入演示文稿中，即可在幻灯片中生成视频，如图 1-25 所示。

图1-23　屏幕录制　　　　　　　　图1-24　停止录制　　　　　　图1-25　幻灯片中生成视频

4. "插入"选项卡中新增了"图标"功能

单击 PowerPoint 2016 中"插入"选项卡下的"图标"按钮，如图 1-26 所示。

图1-26　图标命令

图标按类别分为人、技术和电子、通信、商业、分析、商贸、教育、艺术、庆祝等 26 种，共计 500 个图标，如图 1-27 所示，可以直接更改插入图标的图标颜色，如图 1-28 所示。

图1-27　图标分类　　　　　　　　　　　　图1-28　更改图标颜色

提示：若使用的 PowerPoint 2016 版本中没有该功能，可以使用 PowerPoint 2019 版本或 PowerPoint 365 版本的订阅服务。

5. "插入"选项卡中新增了"3D 模型"功能

单击"插入"选项卡中的"3D 模型"按钮，即可插入 3D 模型，如图 1-29 所示。

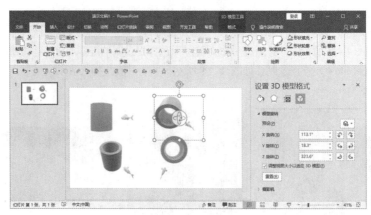

扫码观看微课视频

图1-29   插入3D模型

6. 新增了"更改图片"→"自剪贴板"和"智能参考线"功能

用鼠标右键单击图片，选择"更改图片"选项下的"自剪贴板"选项就可以直接替换成刚复制好的图片，如图 1-30 所示，元素之间的对齐也因为"智能参考线"的使用而变得更加智能，如图 1-31 所示。

图1-30   更改图片

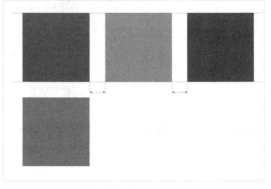

图1-31   智能参考线

7. 新增了"平滑"切换效果

PowerPoint 2016 附带全新的切换效果类型"平滑"，单击"切换"选项卡，如图 1-32 所示，即可看到"平滑"切换效果，在某些版本里该切换效果也被称为"变体"，变体动画是 Office 2016 版本之后才增加的，它可以在幻灯片上执行平滑的动画切换和对象移动操作，如图 1-33 所示。

图1-32   新增"平滑"切换效果

图1-33   效果选项

"平滑"切换效果颠覆了人们对 PowerPoint 设置动画效果的认识，人们把平滑切换称为最酷、最炫的新玩法。"平滑"切换效果所呈现出的特有的新奇变化效果，让观赏者犹如欣赏时尚大片一样，身临其境。

8. 新增了"缩放定位"切换效果

"插入"选项卡中新增了"缩放定位"功能，创建演示文稿时，可以设置在演示过程中按决定的顺序跳

转到演示文稿中的特定幻灯片、分区和部分。

缩放定位一共分为以下 3 种方式，如图 1-34 所示。

➢ 摘要缩放定位，将整个演示文稿汇总到一张幻灯片上。

➢ 节缩放定位，仅显示单个节，如图 1-35 所示。

➢ 幻灯片缩放定位，仅显示选定的幻灯片。

图1-34　缩放定位

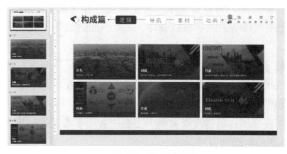

图1-35　节缩放定位

1.3.2　案例 1：变体动画的使用

若想有效地使用变体动画，通常需要至少包含一个对象的两张幻灯片，最简单的方法是复制幻灯片，然后将第二张幻灯片上的对象移动到其他位置。或者复制并粘贴一张幻灯片中的对象并将其添加到下一张幻灯片中。然后，选中第二张幻灯片，执行"切换"→"平滑"命令，实现通过变体动画在多张幻灯片上为对象添加动画、移动和强调效果。

使用变体动画能够非常容易地实现复杂的动画效果，可以用来演示一些繁杂的推演或变化的过程。且变体动画切换的过程是可逆的，可以顺序播放，也可以回看，可以通过链接跳转形成更加流畅自然的变换过程。因此，变体动画在制作 PPT 课件和微课程的视频片头等方面有很大的优势。

1. 变体动画的制作方法

将同一个对象，置于连续的两张幻灯片中；改变其中一张幻灯片上对象的属性，如大小、位置、形状、颜色、角度、数量、组合等；在第二张幻灯片上选择切换效果——变体，这时计算机就会自动添加一些连续帧，实现这个对象从一个状态到另一个状态的变换过程。

2. 变体动画的适用对象

变体动画的适用对象为 PPT 自带形状及形状的组合、文本框、图表、图片。

3. 变体动画的变形过程

变体不是自定义动画，而是幻灯片的一种切换效果，其特殊之处就在于可以使连续的两张幻灯片上的同一元素，在不同状态之间形成的一个动画效果。变体的不同状态包括大小、位置、形状、颜色、角度、数量等方面。

➢ 大小变体：同一元素在连续两张幻灯片中的大小不同，计算机会自动补全面积变化的过程，非常形象地实现元素的放大和缩小。

➢ 位置变体：将上一张幻灯片上的内容移动到下一张幻灯片的新位置上，甚至移动到画框外，都可以实现连续移动的动画效果，类似于自定义路径动画。

➢ 形状变体：通过改变对象的长宽高、调整可变化手柄和编辑顶点来实现变体。在编辑顶点时应注意，如果对象在上一张幻灯片中是编辑过顶点的状态，那么在下一张幻灯片中再次编辑顶点之后可以实现变体效果；如果对象在上一张幻灯片中没有编辑过顶点，那么在下一张幻灯片中编辑了顶点也不能产生变体效果。

➢ 颜色变体：对象在连续的两张幻灯片中任意变换颜色，可以是纯色和渐变色，也可以是图案、图片或纹理填充，这些都可实现变体效果。

➢ 角度变体：图形在任意旋转角度之后，都可以实现自己再旋转回来的效果。

➢ 数量变体：对象在数量上的变体实际上就是多个对象的叠加和分散，看起来是数量产生变化的过程。

➢ 组合变体：把不同的形状变化结合起来，可以千变万化，实现更加复杂、更加炫丽的变换效果。

➢ 文字变体：可以实现相同文字的延续和变化，不相同的文字则淡入或淡出。在文字变体时需要在效果选项中选择字数或字符数变体，字数不能拆分单词或词语进行变体，而字符数则能够针对单个字符进行变体。

➢ 数字变体：变体过程和规则与文字变体是一样的，数字变体还可以用来做数字倒计时。

➢ 场景变体：通过改变页面中每个元素的大小、形状、位置等，实现元素放大、缩小、改变及移动，就可以实现场景的变化。

➢ 图表变体：通过改变页面中图表的数据来实现每一类别数值增长或减少的过程，可结合手绘图形使图表变体更加生动和直观。

1.3.3　案例2：常用的形状合并

合并形状，又称"布尔运算"，主要包括联合、组合、拆分、相交、剪除。需要选择两个图形，其中至少一个为形状。

在 PowerPoint 2016 中绘制两个图形，然后将其选中，在"格式"选项卡中就能看到"合并形状"按钮，如图 1-36 所示。

图1-36　"合并形状"按钮

"合并形状-剪除"操作和选择形状时的顺序有关，先选对象为被剪主体，后选对象为剪除区域。先选左边的圆，再选右边的圆，左边的圆是主体，进行"合并形状-剪除"操作之后剩下的是残缺的左圆，如图 1-37 所示。

先选右边的圆，再选左边的圆，右边的圆是主体，进行"合并形状-剪除"操作之后剩下的是残缺的右圆，如图 1-38 所示。

图1-37　先选择左圆的剪除效果　　　　　　图1-38　先选择右圆的剪除效果

不过，这种"先选为主"的规律似乎在"联合""相交"中并不存在，因为不管先选哪一个圆，"联合"后得到的都是"8"字形，如图 1-39 所示，"相交"后得到的都是梭形，如图 1-40 所示。

图1-39　联合效果　　　　　　　　　　　　图1-40　相交效果

如果把其中一个圆换一个颜色，再来做实验，先选带颜色的圆进行"联合"，联合出来的形状颜色总是与先选形状的颜色保持一致。这说明"先选为主"的规律在"联合""相交"中也是同样有效的。

其实，合并形状在 PowerPoint 中是一个常用的功能，在实际操作中用途是非常广泛的，它也是 PowerPoint 2016 中一项非常重要的功能，通过它可以塑造出很多原本形状库里并不具备的形状，甚至绘制出很多意想不到的效果。

1. 拆分字体

在有些案例中如果想实现汉字拆分笔画的效果，再设置按照笔画顺序依次出现。如果一笔一笔地画出来，是需要大量时间的，而且笔画的绘制也是有一定难度的。但是如果利用布尔运算，那么拆分字体将是一件非常简单的事情，如图 1-41 所示。

选择的字体不同，拆分出来的结果也不同。以黑体为例，如果第一次拆分结果不理想，可以进行多次拆分，或增加简单的形状编辑，直到最后拆分出来的效果达到满意为止。

2. 自定义形状

在 PowerPoint 2016 中，系统自带了很多图形，利用这些图形与图片、文字等进行组合，可以制作出许多美观的效果。例如，可以用图形与图片组合制作出黄山的旅游介绍，如图 1-42 所示。

图1-41　拆分字体效果　　　　　　　　　　图1-42　自定义形状效果

图片与图形的组合效果如图 1-43 所示，制作方法：将图片放置到指定的位置，利用"圆角矩形"工具制作出 5 个圆角矩形，并进行组合。调整好角度后，去掉形状轮廓，放置在相应的位置上，单击鼠标右键选择"复制"命令。右键单击 5 个组合在一起的圆角矩形，选择"设置形状格式"→"形状选项"填充中的"图片或纹理填充"，选择"插入图片来自于文件"即可实现该效果。

图1-43　图片与图形的组合效果

同样的道理，利用上述方法，可以将梯形或平行四边形等制作出图 1-44 所示的效果。

3. 镂空

为了突出页面的层次感，有时需要在图形、图片或者文字等的上面制作出一种镂空的效果。这种效果不仅可以给人一种强烈的冲击感，而且突出了所要表达的主题，更增加了页面的美感，如图 1-45 所示。

图1-44　其他形状组合效果

图1-45　镂空效果

1.4　本章小结

随着时代的发展、技术的更迭、教育现代化的来临，PPT 课件作为教学的重要组成部分也得到了更多的发展。本章阐述了 PPT 课件的地位与作用，详细讲解了教案设计法与五步骤设计模式，演示了 PowerPoint 2016 的新功能，这些新功能也为教学设计带来了更多的可能性。

1.5　实践作业

根据本章中的内容与视频，使用图 1-46 所示的素材资源，新建一份 PPT 课件，完成视频、音频和 3D 模型的插入，使用形状相交操作制作出特殊形状的图片，并保存文档。

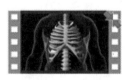

图1-46　素材资源

第 2 章

PPT课件的教学设计

2.1 常见的课件教学设计

常见的课件教学设计包含什么呢？本节简单介绍几种常见的课件组织方式。

2.1.1 基于教学流程的课件组织方式

一般传统的课堂教学包括导入新课、复习旧课、传授新知识、巩固练习、小结作业等环节。但对于不同科目的课程或不同的类型的课程，这些环节并不是绝对的。例如，对于练习课而言只需要设计课件的问答结构，按一定的顺序将练习内容呈现出来即可，如图2-1所示。

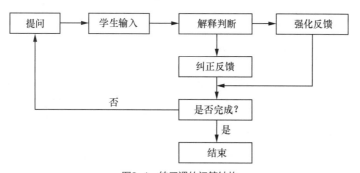

图2-1　练习课的问答结构

一般语文课的教学环节可能包括作者生平、写作背景、字词识别、内容诵读、文章赏析、课后作业等，如图 2-2 所示。

数学课的教学环节一般包括定理归纳、演绎、实例证明、作业练习、生活应用等，例如在勾股定理课件中，左侧的导航中就展示了"情境导入""建立数学模型""剖析定理""典型例题""问题解决""课堂总结""思维导图""作业布置"等教学环节，如图2-3所示。

图2-2　语文课的教学环节

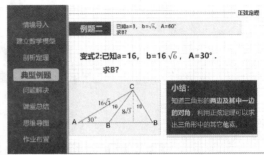

图2-3　勾股定理课件的教学环节

物理和化学类的课程可能会有实验演示模拟等环节。不同学科的教师，要根据自己所授课程内容的特点，设计出合理的教学流程，根据教学流程与步骤来组织课件内容。

2.1.2　基于内容结构的课件组织方式

基于内容结构的课件结构是以学习材料自身的逻辑结构或顺序来组织材料的一种方式。

其中，最简单的就是以学习材料原有的章节标题作为课件内容的结构，或者以知识点结构来组织课件内容。

知识点结构一般有以下 3 种形式：直线形（见图 2-4）、树形（见图 2-5）、网形（见图 2-6）。不管是哪种形式，课件都可以很好地利用这样的顺序和结构来组织内容。

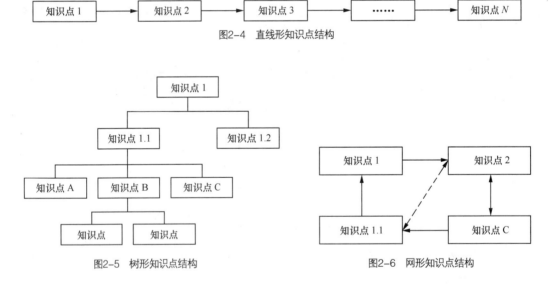

图2-4　直线形知识点结构

图2-5　树形知识点结构

图2-6　网形知识点结构

2.1.3　基于活动的课件组织方式

上述两种课件组织方式，一种是以教师活动为中心，另一种是以学习内容为中心，都没有体现以学生为中心的思想，如何改变这种现状呢？

尝试以任务情境或活动来组织课件内容是方法之一，虽然当前利用多媒体创设完全真实的知识情境比较困难，但利用问题情境或任务情境也可以很好地激发学生的学习主动性。

人类所学习的知识内容都直接或间接地来自自身的实践活动，因此大多数学习内容都可以在现实生活中找到相应的案例，学生也倾向于用所学的知识解决生活中的相关问题，基于活动的课件组织方式如图 2-7 所示。

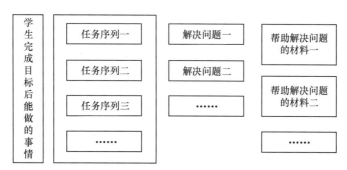

图2-7 基于活动的课件组织方式

2.2 PPT 开发中常用的结构模式

PPT 开发中常用的结构模式主要有以下 4 种。

2.2.1 说明式结构

说明式结构多用于工作汇报、项目答辩、产品介绍、课题研究等；主要针对一个物品、现象、原理，逐步分析，从不同角度进行解释，一般采用树结构。其特点在于中规中矩、结构清晰，说明式结构的 PPT 框架图如图 2-8 所示。

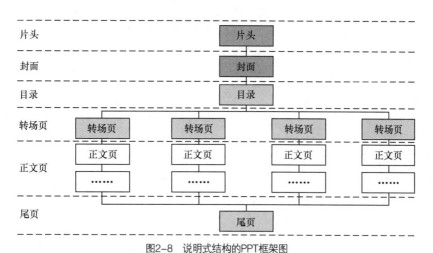

图2-8 说明式结构的PPT框架图

样例参照素材文件夹下的"PPT 设计框架-说明式.pptx"文件。

2.2.2 罗列式结构

罗列式结构主要用于成果展示、休闲娱乐等，一般内容比较单一，无须目录，在封面或序言后直接把内容按一定顺序（如时间、地点、重要性、关联性等）罗列出来即可。罗列式结构的 PPT 框架图如图 2-9 所示。

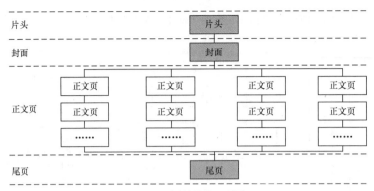

图2-9　罗列式结构的PPT框架图

样例参照素材文件夹下的"PPT 设计框架–罗列式.pptx"文件。

2.2.3　故事式结构

故事式结构主要针对一些轻松、娱乐、煽情型的 PPT 演示，多用于沙龙、晚会、聚会等。一般按照时间、地点、事件演变的线索或者演示者内心变化的线索进行。

故事式结构主要特点是没有拘泥于形式，可以用转场页，也可以一个故事接着一个故事地连续讲述；可以出现标题、解释性文字，也可以只用图片不用文字。故事式结构的 PPT 框架图如图 2-10 所示。

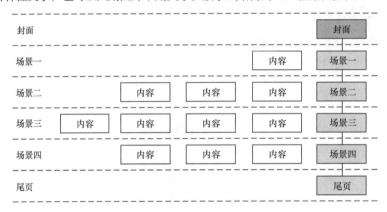

图2-10　故事式结构的PPT框架图

2.2.4　抒情式结构

抒情式结构更加随心所欲，可以"有感而发"，也可以"无病呻吟"。前者针对一个事件先进行描述，再发表自己的看法；后者开门见山，直接抒发自己的感情。抒情式结构的 PPT 框架图如图 2-11 所示。

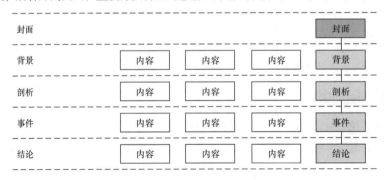

图2-11　抒情式结构的PPT框架图

2.3　日常微课课件中常用的教学设计模式

2.3.1　开门见山式的微课课件组织方式

开门见山式微课通常教学内容简洁明了，直接切入主题，其教学过程设计如图 2-12 所示。对于开门见山式微课教学设计来说，知识点的引入要直接引起学生的关注；知识的讲解要紧凑；在教学媒体的选择上，要选择表现形式合适、直观形象且通俗易懂的媒体；教学总结要突出重点，还可以设置一些问题，检验学习效果。

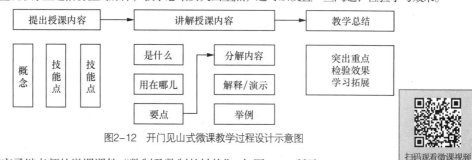

图2-12　开门见山式微课教学过程设计示意图

本例采用宋承继老师的微课课件"数制及数制的转换"，如图 2-13 所示。

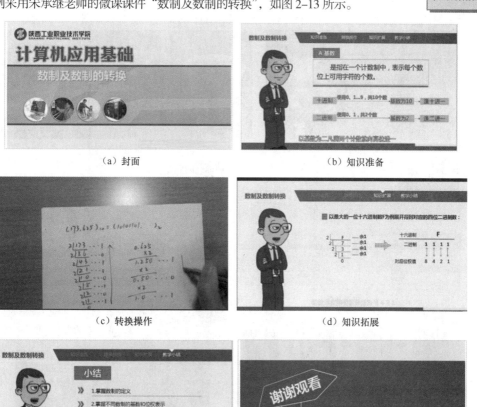

（a）封面　　　　　　　　　　（b）知识准备

（c）转换操作　　　　　　　　（d）知识拓展

（e）小结　　　　　　　　　　（f）封底

图2-13　"数制及数制的转换"微课课件界面

2.3.2   基于情境式的微课课件组织方式

在情境式微课中，情境的创设要贴近生活，这样更能吸引学生，使其产生共鸣，增加关注度；知识的讲解要注意层次性，注重引导学生进行思考；在教学媒体的选择上，要选择表现形式合适、直观形象且通俗易懂的媒体；问题的讲解要注意情境的延续性，最终要解决情境中的问题；总结考核最好设置一些问题，若没有学生掌握，可重新进行学习。情境式微课教学过程设计如图 2-14 所示。

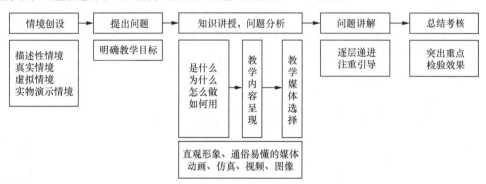

图2-14　情境式微课教学过程设计示意图

本例采用刘春月老师的微课课件"汽车保险赔不赔？近因原则告诉你！"，如图 2-15 所示。

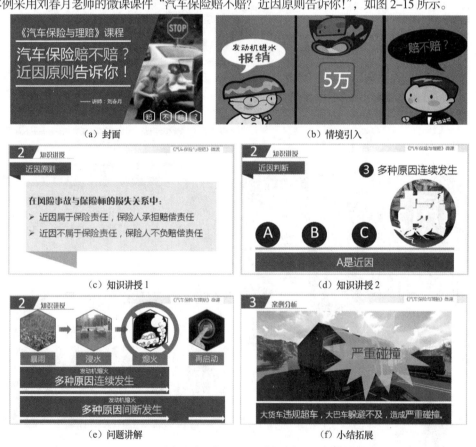

图2-15　"汽车保险赔不赔？近因原则告诉你！"微课课件界面

2.3.3 基于探究式的微课课件组织方式

探究式教学是一种以学生为中心的教学模式，主要强调学生主体地位的发挥，倡导学生自主、合作、科学思维的学习方式与策略。然而，在微课的教学设计中，以教师为主要讲解者，因此要强调教师的角色扮演问题，既可以让学生提出问题，也可以扮演学生角色提出问题、探究问题、解决问题。包括提出任务、确定问题（研究假设）、问题讲解、解决问题、总结考核等环节。探究式微课教学过程设计如图 2-16 所示。

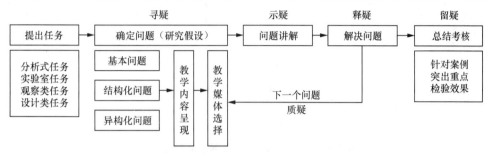

图2-16 探究式微课教学过程设计示意图

2.3.4 基于抛锚式的微课课件组织方式

抛锚式教学的主要目的是使学生处在一个完整、真实的问题、事件或环境之中。具体来讲就是使学生处在一个事件、一个真实的设备场景或一个真实的项目中，从而产生学习的需要，凭借自己的主动学习、生成学习，并通过学生共同体中成员间的互动、交流，即合作学习，亲身体验从识别目标到提出和达到目标的全过程。总之，抛锚式教学是使学生适应日常生活，学会独立识别问题、提出问题、解决真实问题的一个十分重要的途径。抛锚式微课教学过程设计如图 2-17 所示。

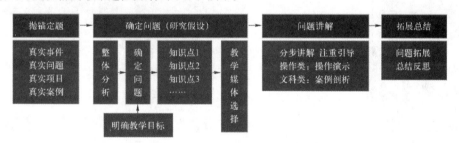

图2-17 抛锚式微课教学过程设计示意图

2.4 PPT 课件逻辑表达的方法与技巧

PPT 课件是逻辑的表达、可视化的展现。在信息高速发展的时代，其能够高效地展示我们的观点。我们在学习时需要记笔记，优秀的笔记总是条理清晰，重点突出。PPT 课件的设计也是如此，PPT 课件是知识迁移的工具之一，PPT 课件的载体 PPT 可以承载很多内容，怎样展现 PPT 课件的内容，让学生能够画出或者做出条理清晰的笔记呢？本节将会介绍 4 种常见 PPT 课件的逻辑表达。

2.4.1 目录设计使 PPT 课件结构清晰合理

目录页是学生了解将要学习的整个内容的最快途径。PPT 课件的目录设计就是对知识点的归纳，同样也是对教学结构的表达。

PPT 课件目录的设计要保持统一，图 2-18 所示为"劳务报酬的结算"PPT 课件目录。图 2-19 所示为"绿水青山胜过金山银山"PPT 课件目录。

图2-18   "劳务报酬的结算"PPT课件目录

图2-19   "绿水青山胜过金山银山"PPT课件目录

图 2-20 ~ 图 2-23 为其他课程的 PPT 课件目录展示，不同内容、不同课程，其 PPT 课件的风格也会有所不同。分别为汽车 PPT 课件目录（见图 2-20）、酒店 PPT 课件目录（见图 2-21）、数据结构 PPT 课件目录（见图 2-22）、英语 PPT 课件目录（见图 2-23）。

图2-20   汽车PPT课件目录

图2-21   酒店PPT课件目录

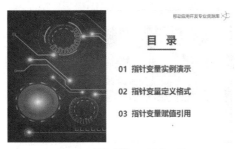

图2-22   数据结构PPT课件目录

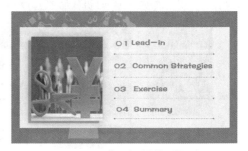

图2-23   英语PPT课件目录

当讲述到某个知识点时，我们会采用转场页来提醒课程进度。常见的是，在同一逻辑的目录设计时，遇到了多级目录就需要设计下一级内容，如图 2-24 所示。

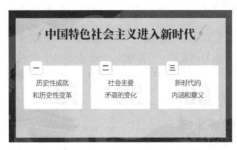

（a）目录页

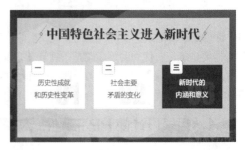

（b）转场页

图2-24   课程目录页与转场页导航

2.4.2 导航设计使 PPT 课件具有整体感

当不理解内容资料的时候人们可能会感到迷惑，在浏览中偏离方向，无法回忆起之前出现过的页面，甚至忘记标题是什么，在信息系统中偏离了方向、分散了注意力。多层级的内容怎样展示呢？这时就需要运用"导航"，人们对导航的 3 种行为如下。

> 适应：人们对导航会逐渐适应。

> 预测：导航提供的信息线索，使人们可以预测下一步是什么。

> 重定向：到达一个新页面，人们会让自己重新熟悉它。

在 PPT 课件导航的设计中，每一个内页都有明确的一级标题、二级标题甚至三级标题，就像网站的导航条。这样，可以让 PPT 课件的受众随时了解当前内容在整个 PPT 课件中的位置，如同给 PPT 课件的每一页都安装了一个 GPS 一样，这样，PPT 课件的受众就能紧跟上 PPT 课件表述者的思路。图 2-25 所示为不同类型课程 PPT 课件的导航页。

（a）英语类课程 PPT 课件的导航页

（b）动画设计类课程 PPT 课件的导航页

（c）纺织类课程 PPT 课件的导航页

（d）音乐类课程 PPT 课件的导航页

图2-25 不同类型课程PPT课件的导航页

2.4.3 颜色分类体现逻辑结构

可以通过设置不同的主题颜色来区分不同的章节，这样更方便 PPT 课件受众对 PPT 课件内容进度进行准确把握。

2.4.4 动画分类进行层次划分

通过不同的动画设计可以展现 PPT 课件的逻辑关系。例如，通过母版实现局部切换的动画方式，就可以很好地区分 PPT 课件的逻辑并列、包含等关系。图 2-26 所示为动画分类进行层次结构划分。

（a）切换方式华丽型"库"1   （b）切换方式华丽型"库"2

图2-26   动画分类进行层次结构划分

2.5   信息化教学设计系列

扫码观看微课视频

信息化教学设计是以信息技术为支撑，以现代教育教学理论为指导，强调新型教学模式的构建；信息化教学的教学内容具有更强的时代性和丰富性；信息化教学更适合学生的学习需要和特点。信息化教学不仅在传统教学的基础上对教学媒体和手段进行改变，而且对以现代信息技术为基础的整体教学体系进行一系列改革和变化。

2.5.1   优秀 PPT 课件作品展示

"吟咏经典 感悟情怀——古典诗歌单元教学设计" PPT 课件为大学语文课诗歌教学作品，整个 PPT 课件的风格为传统国学风格，PPT 课件分享如图 2-27 所示。

（a）封面   （b）内页

图2-27   "吟咏经典 感悟情怀——古典诗歌单元教学设计" PPT课件

"会'歌唱'的正弦型曲线" PPT 课件为数学教学作品，整个 PPT 课件以科技蓝色为主色调，界面简洁，导航清晰，PPT 课件分享如图 2-28 所示。

（a）封面   （b）内页

图2-28   "会'歌唱'的正弦型曲线" PPT课件

"图表的制作与编辑" PPT 课件为计算机应用基础教学作品，整个 PPT 课件与 Excel 软件绿色的主题相匹配，界面简洁，导航清晰，PPT 课件分享如图 2-29 所示。

（a）封面

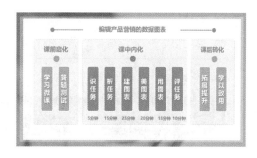
（b）内页

图2-29　"图表的制作与编辑" PPT课件

"'膳'待老人,'流注'爱" PPT 课件为实训教学作品, 整个 PPT 课件以护士服的粉色为主色调, 体现关爱主题, 让人浏览后可以感受到亲和力, PPT 课件分享如图 2-30 所示。

（a）封面

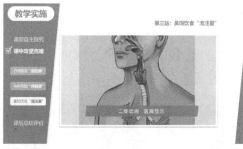
（b）内页

图2-30　"'膳'待老人,'流注'爱" PPT课件

"胆红素的代谢及检测" PPT 课件为医药类教学作品, 该 PPT 课件选择清爽的蓝色为主题颜色, 逻辑清晰, 风格清爽, 给人赏心悦目的感觉, PPT 课件分享如图 2-31 所示。

（a）封面

（b）内页

图2-31　"胆红素的代谢及检测" PPT课件

"青霉素类药物构效关系的分析" PPT 课件为药学类教学作品, 该 PPT 课件选择代表健康和生命的绿色为主题颜色, 逻辑清晰, 风格清爽, PPT 课件分享如图 2-32 所示。

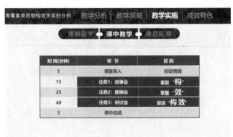

（a）封面 （b）内页

图2-32 "青霉素类药物构效关系的分析"PPT课件

在实际授课、微课开发、教学设计比赛中，教师需要开发系列 PPT 课件，在此主要展示教学设计比赛获奖作品的部分 PPT 课件。

2.5.2 案例1："生态旅游个性化导游服务"PPT 课件

"生态旅游个性化导游服务"教学设计作品是 2019 年全国职业院校技能大赛教学能力比赛中职组一等奖的作品，该作品除了严谨的结构和别出心裁的教学设计之外，使用的 PPT 课件也是逻辑与美感并存。内容逻辑的大胆创新，设计内容的叠加迁移，都很好地体现了该 PPT 课件的逻辑和美感。PPT 课件分享如图 2-33 所示。

（a）封面 （b）内页

图2-33 "生态旅游个性化导游服务"PPT课件展示

1. PPT 课件的逻辑分析

"生态旅游个性化导游服务"PPT 课件由封面、目录、内页、封底构成，如图 2-34 所示。

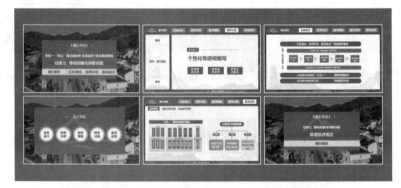

图2-34 "生态旅游个性化导游服务"PPT课件逻辑结构

封面的作用：展示教师需要汇报的标题，直截了当。

目录的作用：展示 PPT 课件划分的几个模块。本 PPT 课件的模块分为教学分析、教学过程、教学反思等。

内页的作用：内页是 PPT 课件现有内容的集中展示，内容的展示需要遵守简约、聚焦的原则。

封底的作用：当汇报结束时，教师通常会在封底上面展示"恳请各位专家评委批评指正"等字样。

2. 内页展示

教学设计作品的 PPT 课件与普通教学 PPT 课件的区别之一就在于它要求导航清晰，"生态旅游个性化导游服务" PPT 课件的导航结构设计如图 2-35 所示。

图2-35　"生态旅游个性化导游服务" PPT课件的导航结构设计

在此基础上，设计 PPT 课件的内页，如图 2-36 所示。

（a）教学分析模板

（c）课前测验

（b）教学过程模板

（e）课时切换

（d）环节展示模板

（f）课后分享

图2-36　依据导航结构设计内页

3. 素材展示

教学设计作品的 PPT 课件主要包括 3 类素材：图片素材、文字素材和视频素材。其中，图片素材又包括学生照片、软件截图、装饰图片等。

学生照片放置在学情分析部分，介绍学生的具体情况；软件截图主要是 App 截图，如学生在利用 App 进行练习时的截图，软件截图放在这里起到陈述事实的作用，同时在学情分析模块可利用 PC 端口的截图来证明学生当前的状态；装饰图片主要用来添加图片背景。

视频素材主要分成 3 类，分别是片头和片尾的视频、教学过程中学生和教师的视频及软件的录屏。软件的录屏包括手机 App、计算机课程平台或者其他平台的录屏。

片头视频的处理在正常情况下是直接进行播放的，2018 年后明确要求禁止添加片头和片尾视频，这值得注意。教学过程中视频的设计，需要明确教学过程核心，突出现实核心内容，视频元素面积占比会大一些，可以试着换几个形状，如圆形、平行四边形、三角形等，甚至核心的资源、技术、平台可以进行满屏展示。有时软件录屏是真实有效的，这时也要尽可能地进行展示。

4. 动画展示

"生态旅游个性化导游服务"PPT 课件中的动画效果不是很多，作品中动画主要包括视频播放动画和元素组合动画。

视频播放动画可以采用录屏或插入视频的方式来实现动画效果，如图 2-37（a）所示。

元素组合动画就是除了视频之外的动画设计，如图 2-37（b）所示。

（a）视频播放动画   （b）元素组合动画

图2-37   "生态旅游个性化导游服务"PPT课件中的动画设置

2.5.3 案例 2：财经商贸类

下面我们来看一下财经商贸类信息化教学设计案例。教学设计的题目是"天猫 618 迎战宝典——爆仓货品库存管理优化"。题目采用的是主副标题的设计。在教学设计上，将天猫的 Logo 和背景结合起来能更好地突出天猫 618 的主题。"教学分析"模块通过变色来加强展示，内页的课程整合部分包含所有"教学分析"模块。

"天猫 618 迎战宝典——爆仓货品库存管理优化"PPT 课件页面如图 2-38 所示。

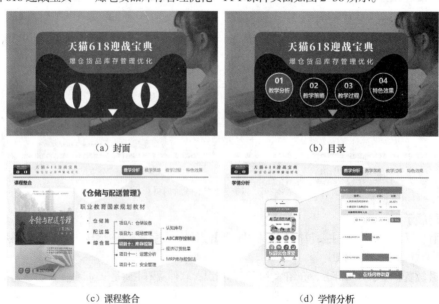

（a）封面   （b）目录

（c）课程整合   （d）学情分析

图2-38   "天猫618迎战宝典——爆仓货品库存管理优化"PPT课件1

（e）重点难点   （f）教学过程

图2-38   "天猫618迎战宝典——爆仓货品库存管理优化"PPT课件1（续）

在教学过程中，教师通过不同的页面来展示课前、课中、课后的结构，使过渡环节自然，如图2-39所示。

（a）课前线上自主学   （b）课中师生互动学

（c）课中解决重点   （d）课后拓展演练学

（e）特色效果展示   （f）封底结束

图2-39   "天猫618迎战宝典——爆仓货品库存管理优化"PPT课件2

2.5.4   教学能力比赛中的教学设计模板分享

为了便于广大教师参加教学设计比赛，本书提供了几个教学设计模板，方便教师在教学设计的初级阶段快速上手。

任务驱动的教学设计模板如图 2-40 所示。

图2-40　任务驱动的教学设计模板

"疑探展评"新媒体文案写作教学设计模板如图 2-41 所示。

图2-41　"疑探展评"新媒体文案写作教学设计模板

（c）教学过程图　　　　　　　　　　　（d）教学过程

图2-41　"疑探展评"新媒体文案写作教学设计模板（续）

此外还有问题式、关卡式、模块式、篇幅式等教学设计模板，由于本书篇幅原因，就不一一详细展示了，读者可以自行下载浏览学习，如图 2-42 所示。

（a）问题式

（b）关卡式

（c）模块式　　　　　　　　　　　　　　（d）篇幅式

图2-42　其他教学设计模板

2.6　本章小结

规范与标准是提高 PPT 课件制作效率的关键，其中模板在 PPT 课件设计制作过程中的作用不容小觑。本章对模板的设计与制作进行了详细的叙述，通过大量的案例展示了模板中封面、目录、转场页、内页与封底的设计，并完整制作了相关课程的教学设计模板，还提供了多套不同课程的教学设计模板。

2.7　实践作业

根据本章中的内容介绍与相关视频，利用提供的教学设计模板（见图 2-43），完成一个课时的 PPT 课件设计。

图2-43　教学设计模板

第 3 章

PPT课件的模板设计

3.1 PPT 课件中模板的基本认识

3.1.1 认识幻灯片母版

幻灯片母版是存储模板信息的设计模板，用于设置幻灯片的样式，可供用户设定各种标题文字、背景、属性等。用户只需更改幻灯片母版中的一项内容就可更改所有幻灯片的设计，下面将详细介绍幻灯片母版的知识。

幻灯片母版主要用于对演示文稿的统一设置。在 PowerPoint 2016 中提供了多种样式的幻灯片母版，包括 Office 主题幻灯片母版、标题幻灯片母版、标题幻灯片版式、标题和内容版式、节标题版式等，如图 3-1 所示。幻灯片母版主要由标题占位符、幻灯片区域等组成。

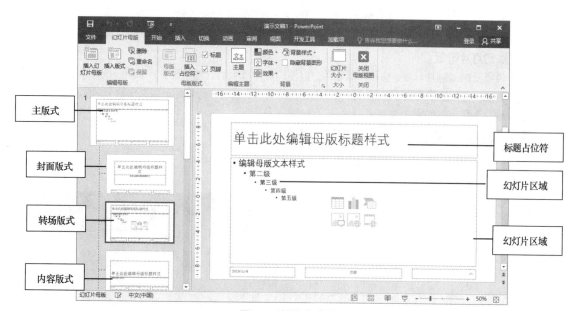

图3-1 认识幻灯片母版

在 PowerPoint 2016 中母版分为 3 种类型，即幻灯片母版、讲义母版和备注母版。幻灯片母版用于定义演示文稿中页面格式的模板，幻灯片母版包括文本、图片或图表在演示文稿中的位置、文本的字形和字号、文本颜色、动画和效果等。讲义母版用于控制幻灯片以讲义形式打印的格式，可在其上增加页码、页眉和页脚等，也可在"讲义母版"工具栏中选择在一页中打印几张幻灯片。备注母版用于控制备注使用的空间，以及设置备注幻灯片的格式。

3.1.2　编辑幻灯片母版

幻灯片母版是模板的一部分，它存储的信息包括文本和对象在幻灯片上的放置位置、文本和对象占位符的大小、文本样式、背景、颜色主题、效果和动画等。

扫码观看微课视频

1. 插入幻灯片母版

在编辑设计幻灯片模板之前，需要先插入幻灯片母版，操作方法如下。

① 创建一个新的演示文稿，选择"视图"选项卡；在"母版视图"组中，单击"幻灯片母版"按钮，如图 3-2 所示。

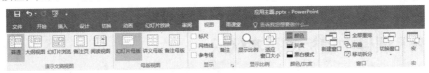

图3-2　设置"幻灯片母版"

② 切换到幻灯片母版视图方式，选择"幻灯片母版"选项卡，在"编辑母版"组中，单击"插入幻灯片母版"按钮，如图 3-3 所示。

图3-3　单击"插入幻灯片母版"按钮

③ 在演示文稿中，用户可以看到已经插入的幻灯片母版，如图 3-4 所示。

2. 删除幻灯片母版

对于不再需要的幻灯片母版，应该将其删除，以便幻灯片母版的管理与维护。下面详细介绍删除幻灯片母版的操作方法。打开演示文稿，选择准备删除的幻灯片母版；选择"幻灯片母版"选项卡，在"编辑母版"组中单击"删除"按钮，如图 3-5 所示。

图3-4　插入幻灯片母版

图3-5　删除幻灯片母版

用户可以看到选择的幻灯片母版已被删除。

3. 重命名幻灯片母版

为了通过名称来分辨不同的幻灯片母版，需要对其进行重命名，操作方法如下。

① 打开演示文稿，右击需要重命名的幻灯片母版，在弹出的菜单中选择"重命名母版"菜单项。

② 弹出"重命名版式"对话框，在"版式名称"文本框中输入新的名称，单击"重命名"按钮。

③ 返回幻灯片母版视图，将鼠标指针移动到刚刚重命名的幻灯片上，用户可以看到其新的名称，这样就完成了重命名幻灯片母版。

4. 复制幻灯片母版

用户可以直接复制幻灯片母版，并对其进行修改。当然，也可快速创建与布局格式类似的幻灯片母版，下面详细介绍复制幻灯片母版的操作方法。

① 在左侧列表中，右击要复制的幻灯片母版，在弹出的菜单中选择"复制幻灯片母版"菜单项。

② 选择该菜单项后，即可在列表中复制出一模一样的母版。

5. 保留幻灯片母版

除了自行创建的幻灯片母版以外，其他幻灯片母版都是临时的，幻灯片母版可以按需创建和删除作为带有各种主题的格式幻灯片。要锁定一个幻灯片母版，使其不会在没有任何幻灯片使用它时消失，用户可以进行以下操作：右击该幻灯片母版，在弹出的快捷菜单中选择"保留母版"菜单项，即可保留幻灯片母版。

3.1.3　PPT 主题

PPT 主题是 PowerPoint 2016 为演示文稿应用不同设计主题的手段，可以设置演示文稿中的字体、颜色、背景等格式，应用 PPT 主题可以很方便地使演示文稿快速达到预设的效果，从而简化设置的操作过程。

1. 应用内置的主题

PowerPoint 2016 提供了主题功能，用户在设置演示文稿时，可以根据自身的需要选择主题，从而为演示文稿中的幻灯片设置统一的效果，下面将详细介绍其操作方法。

① 打开"应用主题.pptx"演示文稿，选择"设计"选项卡；在"主题"组中单击"其他"按钮，如图 3-6 所示。

图3-6　单击"其他"按钮

② 在展开的主题列表中，选择准备应用的主题样式，例如选择"平面"主题，如图 3-7 所示。如果准备将幻灯片主题恢复为默认状态，选择"设计"选项卡，在"主题"列表框中选择"Office 主题"选项即可。将"平面"主题应用到演示文稿中，如图 3-8 所示。

2. 自定义主题样式

对于演示文稿应用的主题样式，用户还可以对其进行自定义设置，如更改主题的颜色、字体、效果等，下面将详细介绍自定义主题样式的操作方法。

（1）自定义"颜色"方案

打开"应用主题.pptx"演示文稿，选择"设计"选项卡，在"变体"组中单击"其他"按钮，在下拉菜单中单击"颜色"菜单，即可在弹出的列表中选择准备应用的内置颜色，如选择"红橙色"样式，如图 3-9 所示，就会看到修改后的颜色方案。

图3-7 选择"平面"主题　　　　　　　　　图3-8 应用"平面"主题后的页面效果

（2）自定义"字体"方案

打开"应用主题.pptx"演示文稿，选择"设计"选项卡，在"变体"组中单击"其他"按钮，在下拉菜单中单击"字体"菜单，即可在弹出的列表中选择准备应用的内置字体样式，如选择"Arial Black-Arial 微软雅黑 黑体"样式，如图3-10所示。

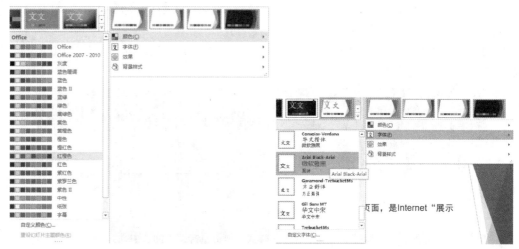

图3-9 选择"颜色"→"红橙色"样式　　　图3-10 选择"Arial Black-Arial微软雅黑 黑体"样式

（3）自定义"效果"方案

打开"应用主题.pptx"演示文稿，选择"设计"选项卡，在"变体"组中单击"其他"按钮，在下拉菜单中单击"效果"菜单，即可在弹出的列表中选择准备应用的内置效果，选择"极端阴影"样式，如图3-11所示。

（4）自定义"背景样式"方案

打开"应用主题.pptx"演示文稿，选择"设计"选项卡，在"变体"组中单击"其他"按钮，在下拉菜单中单击"背景样式"菜单，即可在弹出的列表中选择准备应用的背景样式，如图3-12所示。

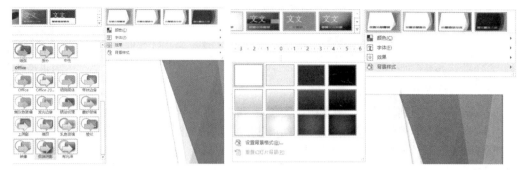

图3-11　选择"效果"→"极端阴影"样式　　　　图3-12　选择"背景样式"菜单

（5）自定义主题字体

用户还可以根据需要自定义主题字体,对于一些常用的主题字体内容进行自定义设置,并为其指定名称,以便之后使用。下面将详细介绍自定义主题字体的操作方法。

① 打开"应用主题.pptx"演示文稿,选择"设计"选项卡,在"变体"组中单击"其他"按钮,在下拉菜单中单击"字体"菜单,在弹出的列表中,选择最后一个"自定义字体"选项。

② 弹出"新建主题字体"对话框,单击"中文"区域下方的"标题字体"下拉按钮,在展开的列表中选择准备新建的主题字体。例如,设置标题字体（中文）为"方正粗宋简体",正文字体（中文）为"微软雅黑"。设置新建主题字体的"名称"为"经典字体搭配方案",单击"保存"按钮,如图 3-13 所示。

③ 返回到幻灯片中,单击"设计"选项卡下的"字体"下拉按钮,在展开的列表中可以看到自定义的主题字体内容,如图 3-14 所示。

图3-13　"新建主题字体"对话框

图3-14　自定义的主题字体

④ 应用自定义主题字体后的效果如图 3-15 所示。

（a）封面效果　　　　　　　　　　　　　　（b）内容页的效果

图3-15　应用"经典字体搭配方案"主题字体后的效果

3.2 PPT 课件的模板设计

3.2.1 封面设计

封面是观众第一眼看到的页面，直接影响观众的第一印象。通常情况下，封面主要起到突出主题的作用，具体包括标题、作者、学校信息、课程信息、时间信息等，封面的制作不必过于花哨。

PPT 课件的封面设计主要包含文本型和图文并茂型。

1. 文本型

如果没有搜索到合适的图片，仅仅通过文本的排版也可以制作出效果不错的封面，为了防止页面单调，可以使用渐变色作为封面的背景，如图 3-16 所示。

（a）单色背景　　　　　　　　　　　　　（b）渐变色背景

图3-16　文本型封面1

除了可以使用文本，还可以使用色块来做衬托，凸显标题内容。注意在色块交接处使用线条调和页面，这样能使页面更加协调，如图 3-17 所示。

（a）色块作为背景　　　　　　　　　　　　（b）彩色线条分割

图3-17　文本型封面2

还可以使用不规则图形来打破静态的布局，使页面获得动感，如图 3-18 所示。

（a）不规则图形结合 1　　　　　　　　　　（b）不规则图形结合 2

图3-18　文本型封面3

2. 图文并茂型

图片的运用能使页面更加清晰，若使用小图则画面比较聚焦，能引起观众的注意。当然要求使用的图片一定要切题，这样才能迅速吸引观众的注意力，突出讲授的重点，如图 3-19 所示。

（a）小图与文本的搭配 1　　　　　　　　　　（b）小图与文本的搭配 2

图3-19　图文并茂型封面1

扫码观看微课视频

当然，也可以使用半图制作封面。具体方法是把一张大图进行裁切，大图能够带来不错的视觉冲击力，因此没有必要再使用复杂的图形来装点页面，如图 3-20 所示。

（a）半图封面的效果 1

（b）半图封面的效果 2

（c）半图封面的效果 3

（d）半图封面的效果 4

图3-20　图文并茂型封面2

最后介绍一下借助全图来制作全图型封面的方法。全图型封面就是将图片铺满整个页面，然后把文本放置到图片上，突出文本。可以通过修改图片的亮度来局部虚化图片，也可以把添加了半透明或者不透明形状的图片作为背景加以衬托，使文本更加清晰。

根据以上提供的方法，制作的全图型封面如图 3-21 所示。

（a）全图型封面局部虚化效果1

（b）全图型封面局部虚化效果2

（c）全图型封面的半透明效果

（d）全图型封面的图形衬托效果

图3-21　图文并茂型封面3

3. 综合应用型

在开发微课资源时，可能还需要用到授课教师出镜的画面，这就需要将图形、画面、颜色等因素综合起来加以运用，对于视频学习者来说，这样能突出讲授的重点，如图3-22所示。

（a）综合应用的效果

（b）人物出镜的效果1

（c）人物出镜的效果2

（d）人物出镜的效果3

图3-22　综合应用型封面

3.2.2　目录页设计

扫码观看微课视频

PPT课件导航系统的作用是展示演示进度，使观众能清晰把握整个PPT课件的脉络，使演示者能清晰掌握整个汇报的节奏。对于较短的PPT课件来说，可以不设置导航系统，但认真设计内容是很重要的，要使整个演示过程节奏紧凑、脉络清晰。对于较长的PPT课件来说，设计逻辑结构清晰的导航系统是很有必要的。

通常 PPT 课件的导航系统主要包括目录页和转场页。此外，还可以设计导航条。

1. 目录页

PPT 课件目录页的设计目的是让观众全面清晰地了解整个 PPT 课件的架构。因此，好的 PPT 课件就是要一目了然地将架构呈现出来。实现这一目的的核心就是使目录内容与逻辑图示实现高度融合。

传统型目录，主要运用图形与文本的组合，如图 3-23 所示。

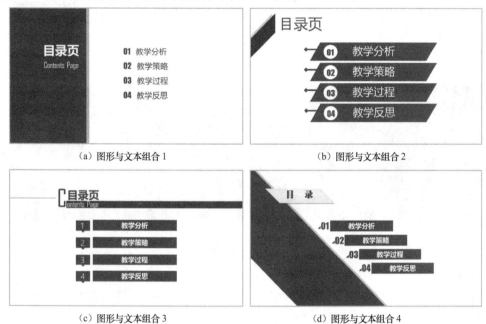

（a）图形与文本组合 1　　　　　　　　　　　（b）图形与文本组合 2

（c）图形与文本组合 3　　　　　　　　　　　（d）图形与文本组合 4

图3-23　传统型目录

图文混合型目录，主要采用一幅图片配合一行文本的形式进行设计，如图 3-24 所示。

（a）图片与文本组合 1　　　　　　　　　　　（b）图片与文本组合 2

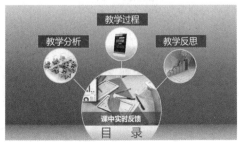

（c）图片与文本组合 3　　　　　　　　　　　（d）图片与文本组合 4

图3-24　图文混合型目录

综合型目录要充分考虑整个 PPT 课件的风格与特点，综合图片、图形、文本，将页面、色块、图片、图形等元素综合起来应用，创新思路，如图3-25 所示。

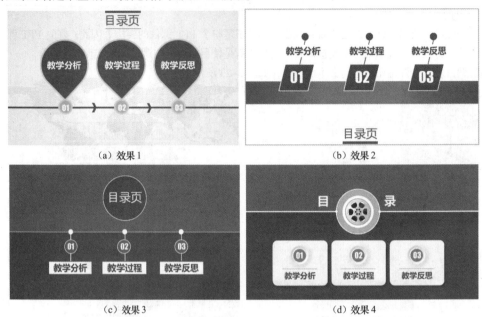

（a）效果1　　　　　　　　　　　（b）效果2

（c）效果3　　　　　　　　　　　（d）效果4

图3-25　综合型目录

2. 转场页

转场页的核心目的在于提醒观众新的篇章内容的开始，告知整个演示的进度，起到承上启下的作用，有助于观众集中注意力。

转场页的制作要尽量与目录页在颜色、字体、布局等风格方面保持一致，局部布局可以有所变化。如果转场页与目录页风格一致，则可以在页面的饱和度上有所变化。例如，当前演示的部分使用彩色，不演示的部分使用灰色。也可以独立设计转场页，如图 3-26 所示。

（a）标题文字颜色的区分　　　　　　　　（b）图片色彩的区分

（c）单独页面设计1　　　　　　　　（d）单独页面设计2

图3-26　转场页设计

3. 导航条设计

导航条设计的主要作用在于让观众了解演示进度。较短的 PPT 课件不需要导航条，只有较长的 PPT 课件在演示时需要导航条。导航条的设计非常灵活，可以放在页面的顶部，也可以放在页面的底部，还可以放在页面的两侧。

在表达方式方面，导航条可以使用文本、数字或者图片等元素进行表达，导航条的设计效果如图 3-27 所示。

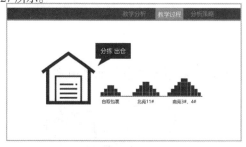

（a）文本颜色衬托导航1　　　　　　　　（b）文本颜色衬托导航2

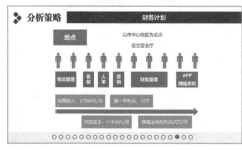
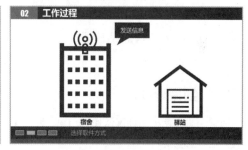

（c）圆圈空心与实心对比导航　　　　　　（d）矩形空心与实心对比导航

图3-27　导航条设计

3.2.3　内容页设计

扫码观看微课视频

内容页的结构包括标题与正文两个部分。标题栏是展示 PPT 课件标题的地方，标题表达信息更快、更准确。在内容页的模板中，标题一般要放在固定的、醒目的位置，这样能更好地起到提示作用。

标题栏一定要简约、大气，最好能够具有设计感或商务风格，标题栏上相同级别标题的字体和位置要保持一致。根据人们的浏览习惯，大多数标题放在屏幕上方。内容区域是 PPT 课件上放置正文的区域。

标题的常规表达方法有图标提示、点式、线式、图形、图片图形混合等，内容模板的标题栏设计效果如图 3-28 所示。

（a）图标提示　　　　　　　　　　　　　（b）点式

图3-28　内容页模板的标题栏设计

（c）线式

（d）图形

（e）图片图形混合 1

（f）图片图形混合 2

图3-28　内容页模板的标题栏设计（续）

3.2.4　封底设计

封底通常用来表达感谢和展示作者信息，为了保持 PPT 课件整体风格统一，设计与制作封底是很有必要的。

封底的设计要和封面保持风格一致，尤其是在颜色、字体、布局等方面，封底使用的图片也要与 PPT 课件的主题保持一致。设计封底时，可以在封面的基础上进行修改。封底设计效果如图 3-29 所示。

扫码观看微课视频

（a）效果 1

（b）效果 2

（c）效果 3

（d）效果 4

图3-29　封底设计

扫码观看微课视频

3.3　典型创业 PPT 课件模板设计

3.3.1　效果展示

大学生小刘作为"易百米快递"公司的创业者，需要利用 PowerPoint 2016 的幻灯片母版功能与基本的排版功能做一个汇报，完成后的页面效果如图 3-30 所示。

（a）封面页面效果　　　　　　　　　　（b）目录页面效果

（c）转场页面效果　　　　　　　　　　（d）内容页面效果 1

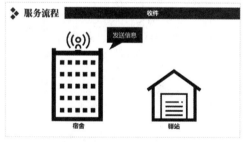

（e）内容页面效果 2　　　　　　　　　　（f）封底页面效果

图 3-30　案例页面效果

3.3.2　案例 1：创建幻灯片母版

扫码观看微课视频

① 执行"开始"→"Microsoft PowerPoint 2016"命令，启动 PowerPoint 2016，新创建一个演示文稿，命名为"易百米快递-创业案例介绍-模板.pptx"。

② 选择"视图"选项卡，在"母版视图"组中，单击"幻灯片母版"按钮。

③ 系统会自动切换到"幻灯片母版"选项卡，采用默认设计模板，在"幻灯片区域"中单击鼠标右键，弹出快捷菜单，如图 3-31 所示。执行"设置背景格式"命令，出现"设置背景格式"窗格，选择"填充"

选项卡，选中"渐变填充"单选按钮，设置渐变类型为"线性"，方向为"线性向上"，角度为"270°"，渐变光圈为浅灰色向白色的过渡，设计背景格式如图 3-32 所示。

图 3-31 快捷菜单

图 3-32 设置背景格式

④ 此时，整个幻灯片母版的背景色都变为自上而下的白色到浅灰色的渐变色了。

3.3.3 案例 2：标题幻灯片模板的制作

本页面主要采用上下结构的布局，实现方式如下。

① 选择"标题幻灯片"，在"幻灯片母版"选项卡中单击"背景样式"按钮，弹出"设置背景格式"窗口，选择"填充"选项，选择"图片或纹理填充"选项，单击"文件"按钮，选择素材文件夹中的"封面背景.jpg"，单击"关闭"按钮，页面效果如图 3-33 所示。

扫码观看微课视频

② 执行"插入"→"形状"→"矩形"命令，绘制一个矩形，形状填充为深蓝色（红：6，绿：81，蓝：146），形状轮廓为"无轮廓"。复制一个矩形，然后调整其填充色为"橙色"，分别调整两个矩形的高度，页面效果如图 3-34 所示。

图 3-33 添加背景图片

图 3-34 插入矩形

③ 执行"插入"→"图片"命令，选择素材文件夹中的图片"手机.png"和"物流.png"，调整图片的位置效果如图 3-35 所示。

④ 执行"插入"→"图片"命令，选择素材文件夹中的图片"logo.png"，调整图片的位置，执行"插入"→"文本框"→"横排文本框"命令，输入文本"易百米快递"，设置字体为"方正粗宋简体"，字号为"44"，再次输入文本"百米驿站——生活物流平台"，设置字体为"微软雅黑"，字号为"24"，调整位置后页面效果如图 3-36 所示。

图3-35　插入图片

图3-36　插入Logo与企业名称

⑤ 切换到"幻灯片母版"选项卡，选中"插入占位符"按钮右侧的"标题"复选框，设置模板的标题样式：字体为"微软雅黑"，字号为"88"，标题加粗，颜色为"深蓝色"。继续单击"插入占位符"按钮，设置副标题样式，字体为"微软雅黑"，字号为"28"，效果如图 3-37 所示。

⑥ 执行"插入"→"图片"命令，选择素材文件夹中的图片"电话.png"，调整图片的位置，输入文本"全国服务热线：400-0000-000"，设置其字体为"微软雅黑"，字号为"20"，颜色为"白色"，效果如图 3-38 所示。

⑦ 切换到"幻灯片母版"选项卡，单击"关闭母板视图"按钮，在"普通视图"下，单击占位符"模板标题样式"后，输入"创业案例介绍"；单击占位符"单击此处添加副标题"，输入"汇报人：刘经理"，此时的效果如图 3-30（a）所示。

图3-37　插入标题占位符

图3-38　插入电话图标与电话

3.3.4　案例3：目录页幻灯片模板的制作

① 选择一个新的版式，删除所有占位符，在"幻灯片母版"选项卡中单击"背景样式"按钮，弹出"设置背景格式"窗口，选择"填充"选项，选择"图片或纹理填充"选项，单击"文件"按钮，选择素材文件夹中的"转场页背景.jpg"，单击"关闭"按钮，执行"插入"→"形状"→"矩形"命令，绘制一个深蓝色矩形，放置在页面最下方，页面效果如图 3-39 所示。

扫码观看微课视频

② 执行"插入"→"形状"→"矩形"命令，绘制一个矩形，形状填充为深蓝色（红：6，绿：81，蓝：146），形状轮廓为"无轮廓"，插入文本"C"，颜色为"白色"，字体为"Bodoni MT Black"，字号为"66"，输入文本"ontents"，将其设置为深灰色，字体为"微软雅黑"，字号为"24"，输入文本"目录"，将其颜色设置为"深灰色"，字体为"微软雅黑"，字号为"44"，调整位置后的效果如图 3-40 所示。

③ 执行"插入"→"形状"→"泪滴形"命令，绘制一个泪滴形，形状填充为深蓝色（红：6，绿：81，蓝：146），形状轮廓为"无轮廓"，旋转对象"90°"，执行"插入"→"图片"命令，选择素材文件夹中的图片"logo.png"，调整图片位置，插入文本"企业介绍"，颜色为"深灰色"，字体为"微软雅黑"，字号为"40"，调整其位置效果，如图 3-41 所示。

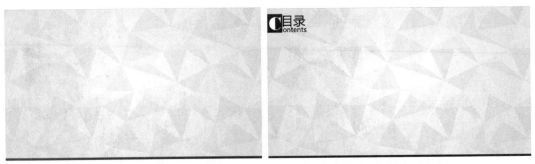

图3-39 设置背景与绘制深蓝色矩形　　　　　图3-40 插入目录标题

④ 复制刚刚绘制的泪滴形，形状填充为浅绿色，执行"插入"→"图片"命令，选择素材文件夹中的图片"图标1.png"，调整图片位置，插入文本"服务流程"，将其颜色设置为深灰色，字体为"微软雅黑"，字号为"40"，调整其位置，效果如图3-42所示。

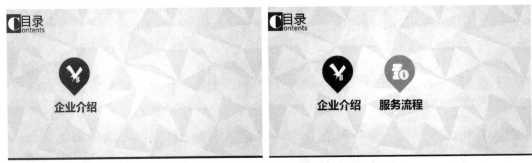

图3-41 插入企业介绍　　　　　　　　　　图3-42 插入服务流程

⑤ 复制刚刚绘制的泪滴形，形状填充为橙色，执行"插入"→"图片"命令，选择素材文件夹中的图片"图标2.png"，调整图片位置，插入文本"分析对策"，将其颜色设置为深灰色，字体为"微软雅黑"，字号为"40"，此时的效果如图3-30（b）所示。

3.3.5 案例4：转场页幻灯片模板的制作

① 选择"节标题幻灯片"，选择素材文件夹中的"封面背景.jpg"，单击"关闭"按钮，执行"插入"→"形状"→"矩形"命令，绘制一个矩形，形状填充为深蓝色（红：6，绿：81，蓝：146），形状轮廓为"无轮廓"，复制矩形，调整大小与位置，页面效果如图3-43所示。

扫码观看微课视频

② 执行"插入"→"图片"命令，选择素材文件夹中的图片"logo.png"和"礼仪.jpg"，调整图片位置，页面效果如图3-44所示。

图3-43 插入矩形　　　　　　　　　　图3-44 插入图片后的效果

③ 分别插入"Part 1"和"企业介绍",将其颜色设置为深灰色,字体为"微软雅黑",字号自行调整,此时的效果如图 3-30(c)所示。

④ 复制转场页,制作"服务流程"与"分析对策"两个转场页。

3.3.6　案例 5:内容页幻灯片模板的制作

① 选择一个普通版式页面,删除所有占位符,执行"插入"→"形状"→"矩形"命令,按住<Shift>键绘制一个正方形,形状填充为深蓝色(红:6,绿:81,蓝:146),形状轮廓为"无轮廓",复制正方形,调整大小与位置,页面效果如图 3-45 所示。

② 选中"幻灯片母版"选项卡中的"标题"复选框,设置标题样式,字体为"方正粗宋简体",字号为"36",颜色为"深蓝色",页面效果如图 3-46 所示。

扫码观看微课视频

图3-45　插入内容页图标　　　　图3-46　插入内容页标题样式

3.3.7　案例 6:封底幻灯片模板的制作

① 选择一个普通版式页面,删除所有占位符,执行"插入"→"图片"命令,选择素材文件夹中的图片"商务人士.png",调整图片位置,效果如图 3-47 所示。

② 执行"插入"→"图片"命令,选择素材文件夹中的图片"logo.png",调整图片位置,执行"插入"→"文本框"→"横排文本框"命令,输入文本"易百米快递",设置字体为"方正粗宋简体",字号为"44",再次输入文本"百米驿站——生活物流平台",设置字体为"微软雅黑",字号为"24",调整位置后页面效果如图 3-48 所示。

扫码观看微课视频

图3-47　插入图片　　　　图3-48　插入Logo标题

③ 输入文本"谢谢观赏",设置字体为"微软雅黑",字号为"80",颜色为"深蓝色",设置"加粗"与"文字阴影"效果。

④ 执行"插入"→"图片"命令,选择素材文件夹中的图片"电话 2.png",调整图片位置,插入文本"全国服务热线:400-0000-000",设置字体为"微软雅黑",字号为"20",颜色为"深蓝色",此时的效果如图 3-30(f)所示。

3.3.8　案例7：模板的使用

① 切换至"幻灯片母版"选项卡，单击"关闭母版视图"按钮。在"普通视图"下，单击占位符"单击此处添加标题"后，输入"创业案例介绍"，单击占位符"单击此处添加副标题"，输入"汇报人：刘经理"，此时的效果如图 3-30（a）所示。

② 按<Enter>键，创建一个新页面，默认情况下会是模板中的"目录"模板。

③ 继续按<Enter>键，创建一个新页面，仍然是"目录"模板。此时，在页面中单击鼠标右键，弹出快捷菜单，单击"版式"菜单，弹出设计模板的列表，如图 3-49 所示，默认为"标题和内容"版式，此处选择"1-节标题"，完成版式的修改。

图3-49　版式的修改

④ 采用同样的方法即可实现本案例所有页面的制作，根据实际需要制作所需的页面即可。

3.4　教学设计 PPT 课件模板展示

3.4.1　农林牧渔类模板

农林牧渔大类专业包括农业类、林业类、畜牧业类、渔类等相关专业。本模板以"农业微生物"课程的"食用菌生长环境条件的设置"为载体，展示农林牧渔类模板，如图 3-50 所示。

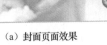

（a）封面页面效果　　　　　　　　　　　　（b）目录页面效果

图3-50　农林牧渔类模板页面效果

（c）转场页面效果　　　　　　　　　　（d）教学分析页面效果

（e）教学实施页面效果　　　　　　　　　（f）封底页面效果

图3-50　农林牧渔类模板页面效果（续）

3.4.2　资源环境与安全类模板

资源环境与安全大类专业包括资源勘查类、地质类、测绘地理信息类、石油与天然气类等相关专业。本模板以"环境保护基本知识"为载体，展示资源环境与安全类模板，如图 3-51 所示。

（a）封面页面效果　　　　　　　　　　（b）目录页页面效果

（c）转场页面效果　　　　　　　　　　（d）封底页面效果

图3-51　资源环境与安全类模板页面效果

3.4.3　能源动力与材料类模板

能源动力与材料大类专业包括电力技术类、热能与发电工程类、新能源发电工程类、建筑材料类等相关专业。本模板以"同步发电机的并网操作"为载体，展示能源动力与材料类模板，如图3-52所示。

（a）封面页面效果

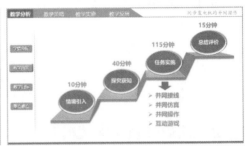

（b）目录页页面效果

（c）转场页面效果

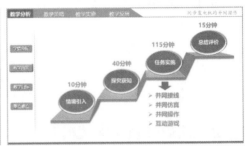

（d）教学分析页面效果

（e）教学策略页面效果

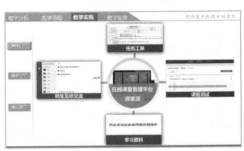

（f）教学实施页面效果1

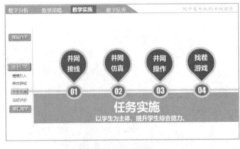

（g）教学实施页面效果2

（h）封底页面效果

图3-52　能源动力与材料类模板页面效果

3.4.4　土木建筑类模板

土木建筑大类专业包括建筑设计类、城乡规划与管理类、土建施工类、房地产类等相关专业。本模板以

"建筑平面图的识读"为载体，展示土木建筑类模板，如图 3-53 所示。

(a) 封面页面效果

(b) 目录页面效果

(c) 转场页面效果

(d) 教学分析页面效果

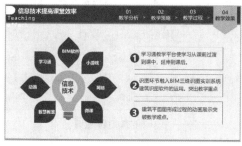

(e) 教学效果页面效果

(f) 封底页面效果

图3-53   土木建筑类模板页面效果

3.4.5   水利类模板

水利大类专业包括水文水资源类、水利工程与管理类、水土与水资源类等相关专业。本模板以"水力学概述"为载体，展示水利类模板，如图 3-54 所示。

(a) 封面页面效果

(b) 目录页面效果

图3-54   水利类模板页面效果

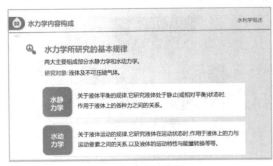

（c）内容页页面效果　　　　　　　　　（d）封底页面效果

图3-54　水利类模板页面效果（续）

3.4.6　装备制造类模板

装备制造大类专业包括机械设计制造类、自动化类、航空装备类、机电设备类等相关专业。本模板以"车削加工与车床"为载体，展示装备制造类模板，如图3-55所示。

（a）封面页面效果　　　　　　　　　　（b）目录页面效果

（c）内容页页面效果　　　　　　　　　（d）封底页面效果

图3-55　装备制造类模板页面效果

3.4.7　生物与化工类模板

生物与化工大类专业包括生物技术类、化工技术类等相关专业。本模板以"病原生物与免疫"为载体，展示生物与化工类模板，如图3-56所示。

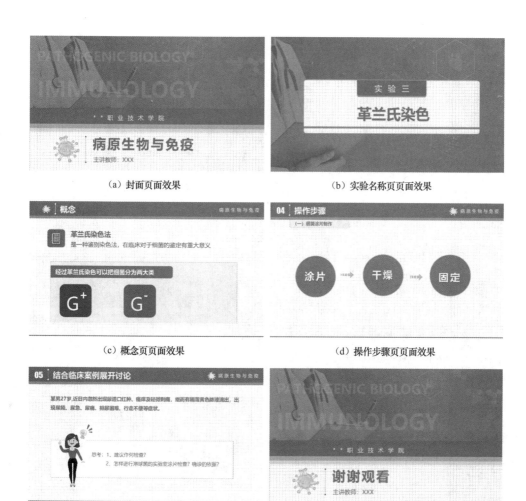

图3-56　生物与化工类模板页面效果

3.4.8　轻工纺织类模板

轻工纺织大类专业包括轻化工类、纺织与服装类、印刷类等相关专业。本模板以"羊腿袖结构设计"为载体，展示轻工纺织类模板，如图 3-57 所示。

（a）封面页面效果　　　　　　　　　　（b）目录页面效果

图3-57　轻工纺织类模板页面效果

（c）目标分析页面效果 　　　　　　　　　　　（d）教学分析页面效果 1

（e）教学分析页面效果 2 　　　　　　　　　　　（f）教学过程页面效果 1

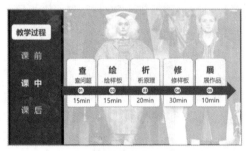 

（g）教学过程页面效果 2 　　　　　　　　　　　（h）教学过程页面效果 3

 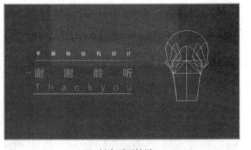

（i）教学反思页面效果 　　　　　　　　　　　（j）封底页面效果

图3-57　轻工纺织类模板页面效果（续）

3.4.9　食品药品与粮食类模板

食品药品与粮食大类专业包括食品工业类、药品制造类、食品药品管理类等相关专业。本模板以"法式小面包自动成型技术"为载体，展示食品药品与粮食类模板，如图 3-58 所示。

（a）封面页面效果

（b）目录页面效果

（c）目标分析页面效果

（d）教学分析页面效果 1

（e）教学分析页面效果 2

（f）教学实施页面效果 1

（g）教学实施页面效果 2

（h）封底页面效果

图3-58   食品药品与粮食类模板页面效果

3.4.10   交通运输类模板

交通运输大类专业包括铁道运输类、道路运输类、水上运输类、航空运输类、城市轨道交通类等相关专业。本模板以"班轮运输运费计算"为载体，展示交通运输类模板，如图 3-59 所示。

（a）封面页面效果

（b）目录页面效果

（c）教学分析页面效果　　　　　　　　　　（d）教学策略页面效果

（g）教学过程页面效果　　　　　　　　　　（h）封底页面效果

图3-59　交通运输类模板页面效果

3.4.11　电子信息类模板

电子信息大类专业包括电子信息类、计算机类、通信类等相关专业。本模板以"温度传感器信号调理电路设计"为载体，展示电子信息类模板，如图 3-60 所示。

（a）封面页面效果　　　　　　　　　　　（b）目录页面效果

图3-60　电子信息类模板页面效果

（c）教学分析页面效果 　　　　　　　　　（d）教学策略转场页面效果

（e）教学策略页面效果 　　　　　　　　　（f）教学过程页面效果

（g）成效特色页面效果 　　　　　　　　　（h）封底页面效果

图3-60　电子信息类模板页面效果（续）

3.4.12　医药卫生类模板

医药卫生大类专业包括护理类、临床医学类、医学技术类、公共卫生与卫生管理类、药学类等相关专业。本模板以"消化系统概述"为载体，展示医药卫生类模板，如图 3-61 所示。

（a）封面页面效果 　　　　　　　　　　（b）内容页面效果1

图3-61　医药卫生类模板页面效果

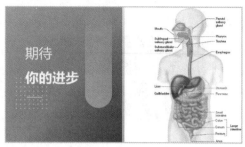

（c）内容页面效果2   （d）封底页面效果

图3-61   医药卫生类模板页面效果（续）

3.4.13   财经商贸类模板

财经商贸大类专业包括财政税务类、金融类、财务会计类、经济贸易类、电子商务类、物流类等相关专业。本模板以"手机消费市场调查与分析"为载体，展示财经商贸类模板，如图3-62所示。

（a）封面页面效果   （b）目录页面效果

（c）转场页面效果   （d）教学实施页面效果

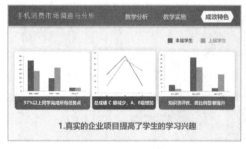

（e）成效特色页面效果   （f）封底页面效果

图3-62   财经商贸类模板页面效果

3.4.14　旅游类模板

旅游大类专业包括旅游类、餐饮类、会展类等相关专业。本模板以"阴山古刹——五当召景区殿堂"为载体，展示旅游类模板，如图 3-63 所示。

（a）封面页面效果　　　　　　　　　　　（b）目录页面效果

（c）教学过程页面效果　　　　　　　　　（d）封底页面效果

图3-63　旅游类模板页面效果

3.4.15　文化艺术类模板

文化艺术大类专业包括艺术设计类、表演艺术类、民族文化类、文化服务类等相关专业。本模板以"家具个性化定制设计"为载体，展示文化艺术类模板，如图 3-64 所示。

（a）封面页面效果　　　　　　　　　　　（b）目录页面效果

（c）转场页面效果　　　　　　　　　　　（d）教学内容页面效果

图3-64　文化艺术类模板页面效果

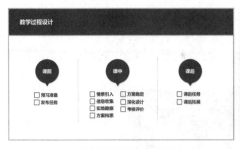

（e）教学过程设计页面效果   （f）封底页面效果

图3-64　文化艺术类模板页面效果（续）

3.5　本章小结

　　规范与标准是提高 PPT 课件制作效率的关键，在制作 PPT 课件的过程中，模板的设计制作必不可少。本章对幻灯片母版的设计与制作进行了详细的叙述，通过大量的案例展示了模板中的封面、目录页、转场页、内容页与封底的设计，并提供了多套教学设计 PPT 课件模板。

3.6　实践作业

　　于春玲老师要申请淮安市科学技术局的一个科技项目，项目标题为"淮安市公众参与生态文明建设利益导向机制的探究"，具体申报内容分为课题综述、目前现状、研究目标、研究过程、研究结论、参考文献等几部分。现根据需求设计适合项目申报的 PPT 课件模板。

　　依据项目需要设计的参考效果如图 3-65 所示。

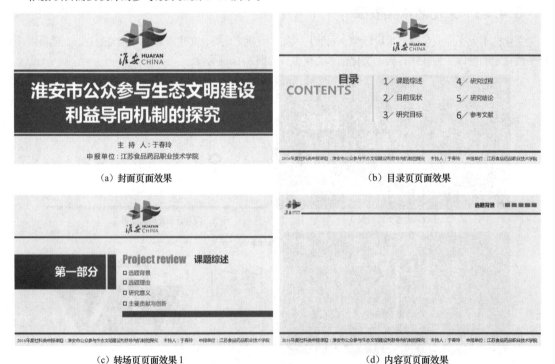

（a）封面页面效果   （b）目录页页面效果

（c）转场页页面效果 1   （d）内容页页面效果

图3-65　项目申报模板设计效果

　　　（e）转场页页面效果 2　　　　　　　　　　　　　　（f）封底页面效果

图3-65　项目申报模板设计效果（续）

第 4 章

PPT课件中文字与图形的使用

4.1　PPT 课件中文字的使用

扫码观看微课视频

4.1.1　PPT 课件中文字的使用方法与处理方式

　　插入文字是制作 PPT 课件的基础操作。精练准确的文字信息对于 PPT 课件来说十分重要。PPT 课件上的文字应该具有逻辑性，在视觉上体现出舒适效果，并能突出教学知识重点，所以用户对文字需要进行精心的编排。

1. 文字的使用方法

　　PPT 课件中文字的使用有哪些方法呢？首先，设计文字的排版，如图 4-1（a）所示，文字排版较为拥挤，对比不强烈，虽然通过变色对文字进行了突出显示，但是文字颜色太多太杂，字体也不太适合阅读。图 4-1（b）采用了黑体等更容易在电子设备上阅读的字体来进行调节，通过加粗变色等来突出标题的重点，通过改变形状使整体设计更加柔和与美观。

（a）PPT 课件的文字初稿

（b）设计文字排版后的 PPT 课件

图4-1　文字疏密有间

　　其次，可以对 PPT 课件中的文字添加动画。文字动画可以对内容进行分层介绍，直接在 PPT 课件上展现满篇的内容容易让人审美疲劳，而运用文字动画则可以使信息分层展现出来，方便学生获取，而且文字动画也更容易吸引学生的注意力。但是需要注意文字动画不可以滥用，使用过多会干扰学习内容，分散学生注意力，文字动画添加前后效果对比如图 4-2 所示。

图4-2　文字动画

要做到文字疏密有间，可以使用以下方法。

① 使用合适的字体和字号，增加行距和段落间距。

② 可以适当精简内容，提炼文字。如果内容确实多，可以进行分页设计。

③ 使用自定义动画效果，让文字分别呈现。

④ 添加相关图片，避免内容枯燥。

2. 适合阅读的文字处理方式

文字在 PPT 课件中的排版要清晰，避免混乱。要避免文字排版混乱，可以使用以下方法。

① 标题文字和内容文字要有对比。标题的作用是让学生能够领略整个内容的"概貌"，内容的作用是让学生了解到内容上的"细节"，二者功能不同，排版时的处理方式也应有所不同。标题文字和内容文字可以在字体、字号、颜色等各个方面有所差异。

② 同类文字要通篇一致。从第一张幻灯片到最后一张幻灯片，同类文字（同一级标题、内容文字、强调文字等）要在字体、字号、颜色等各个方面保持统一。

③ 文字要排列有序。要使用统一的行间距，并对齐文字；还可以给段落添加序号，使文字看起来更有条理。

按照上面的方法，将图 4-3 所示幻灯片上的文字重新排版，版面效果就会清晰很多，重新排版后的版面效果如图 4-4 所示。

图4-3　修改前版面　　　　　　　　　　　　　　　图4-4　修改后版面

文字和背景颜色使用不当也是造成版面混乱、难以阅读的一个重要因素。

① 更改文字颜色。文字尽量使用和背景图片对比强烈的颜色，例如，图片采用暗色调颜色时，则文字便用亮色调的颜色，文字可以选择白色与之进行对比。但是如果能够结合文字内容和图片的特点将颜色改成图片中元素的颜色，那么这时文字颜色对比明显且和图片中的元素相互呼应，如图 4-5 所示。

（a）PPT 课件的文字初稿   （b）文字修改颜色后的 PPT 课件

图4-5   改变文字颜色

② 更换背景图片或将背景图片进行虚化处理。如果文字是幻灯片的主角，就要虚化背景图片，不能让背景图片给学生的阅读带来干扰。选择背景图片，然后在"图片工具-格式"选项卡下单击"调整"组中的"艺术效果"按钮，在弹出的下拉列表中选择"虚化"，如图 4-6 所示。

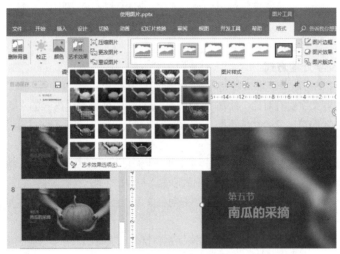

图4-6   调整背景图片-虚化

4.1.2   艺术字的使用

在 PowerPoint 2016 中，用户可以将现有的文字转换为艺术字。另外，用户还可以通过更改文字或艺术字的填充、更改其轮廓，或者通过添加阴影、反射、发光、三维旋转或棱台等特效来更改艺术字的外观，使其更具美感。

艺术字是一个文字样式库，用户可以将艺术字添加到演示文稿中以制作出装饰性效果，如带阴影的文字或镜像文字等。还可以在文字中间填充图片，其效果如图 4-7 所示。

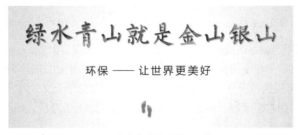

图4-7   文字艺术化后的页面效果

在幻灯片中插入艺术字的具体步骤如下。

① 打开 PowerPoint 2016 演示文稿，切换到"插入"选项卡，在"文本"组中单击"艺术字"按钮。

② 弹出艺术字样式库，用户可以根据需要选择合适的样式。在此选中"填充：蓝色，主题色 5；边框：白色，背景色 1；清晰阴影：蓝色，主题色 5"，如图 4-8 所示。

图4-8　显示艺术字选项

③ 在艺术字占位符中输入文本"海洋生物探索"，应用艺术字样式后的效果如图 4-9 所示。用户可根据需要对艺术字的字体、字号等进行设置。例如，设置字体为"文鼎特粗宋简"，字号为"60"，设置后的效果如图 4-10 所示。

图4-9　应用艺术字样式后的效果 　　　　　　图4-10　修改字体与字号后的艺术字效果

④ 更改艺术字的效果，选中艺术字，切换到"绘图工具–格式"选项卡，选中"海洋生物探索"，单击"文本效果"按钮，在弹出的下拉菜单中选择"映像"中的"半映像：4 磅 偏移量"选项，效果如图 4-11 所示，文字映像效果如图 4-12 所示。

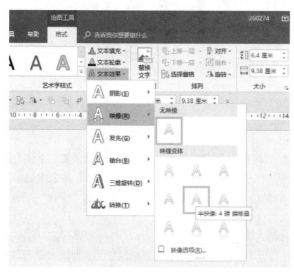

图4-11　设置艺术字的映像效果 　　　　　　　图4-12　文字映像效果

⑤ 最后，插入相关图片。插入图片后的页面效果如图 4-13 所示。

图4-13　插入图片后的页面效果

4.1.3　特殊文字的使用

在制作 PPT 课件时，经常需要输入各种特殊符号，如汉语拼音、英语音标、数学公式、物理公式和化学方程式等，如图 4-14 所示。

（a）汉语拼音　　　　　　　　　　　　　　　　　　　　（b）数学公式

图4-14　汉语拼音和数学公式在PPT课件中的运用

1. 汉语拼音

在 PPT 课件中创建汉语拼音的常用方法有两种。

（1）在 Word 中添加汉语拼音后复制到 PowerPoint 中

启动 Word，在空白文档中输入中文文字，然后将它们全部选中；在"开始"选项卡的"字体"组中单击"拼音指南"按钮，弹出"拼音指南"对话框，如图 4-15 所示。在"拼音文字"列表中选中某一个汉语拼音，将其复制并粘贴到 PowerPoint 中。如果是一段文字，则可以单击右上角的"组合"按钮，进行批量复制。

（2）在 PowerPoint 中利用"符号"对话框直接插入汉语拼音

在 PowerPoint 中插入一个文本框，输入需要注音但不带声调的字母，将光标放置到需要输入带声调字母的位置，在"插入"选项卡的"符号"组中单击"符号"按钮，打开"符号"对话框。在"字体"下拉列表中选择"（普通文本）"选项，再在"子集"下拉列表中选择"拉丁语-1 增补"选项，然后在列表框中选择需要的字符后单击"插入"按钮，汉语拼音的音标在"子集"下拉列表的"拉丁语扩充-A"或"拉丁语扩充-B"里面也有一定的显示，如图 4-16 所示。

图4-15　"拼音指南"对话框　　　　　　　　　图4-16　"符号"对话框

2. 英语音标

在制作英语等语言类 PPT 课件时，不可避免地要输入音标。在 PPT 课件中插入音标，一般采用在 PowerPoint 中直接插入符号的方法。要能够正常插入音标，系统必须拥有包含一般音标字符的字体。带有英语音标的字体很多，很多文字处理软件都带有这样的字体。如金山软件（如 WPS 和金山词霸）所带的"Kingsoft Phonetic Plain"就是这样一个常用的字体，安装金山词霸后，可以在安装目录下的"Fonts"文件夹中找到名为"Phonet.TTF"的字体文件，将该文件复制到 Windows 系统的"Fonts"文件夹中，然后在"符号"对话框的"字体"下拉列表中找到该字体，即可使用该字体中的音标了。当然，在更为专业的场合，也可以使用更专业的音标字体（如 IpaPanNew.tf 字体），用户可以自行到网上查询下载。

使用上面介绍的方法有一个缺点，那就是当该 PPT 课件在其他没有安装该字体的计算机上使用时，音标将不能显示出来，会产生空格，有时也会呈现乱码。实际上，Windows 系统自带了"Lucida Sans Unicode"和"Arial Unicode MS"两种字体，它们包含了 1993 年的《国际音标表》中的所有音标和附加符号，如图 4-17 所示。由于这两种音标使用的是 Unicode 编码，因此不会出现乱码问题。但对于普通用户来说，使用这样的字体来输入音标也有不足之处，那就是由于字体中字符较多，不太容易查找到需要的音标。

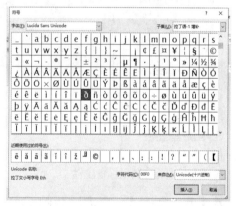

图4-17　"Lucida Sans Unicode"字体中的音标和附加符号

3. 各种公式

公式是理科类 PPT 课件中常见的内容，PowerPoint 2016 的公式功能得以增强，用户可以直接利用功能区中的命令来创建公式，并且创建的公式以文本对象的形式存在，用户可以像操作文本框那样对其进行设置，例如改变公式文字大小、颜色及为公式添加样式效果来美化公式等。在"插入"选项卡的"符号"组中单击"公式"按钮，将在功能区中打开"公式工具-设计"选项卡，如图 4-18 所示，并且幻灯片中将插入一个公式文本框。

图4-18　"公式工具-设计"选项卡

这样，用户可以直接像编辑普通文本那样输入公式，并且对公式的样式进行设置。这不仅使创建复杂公式变得更为容易，也使 PPT 课件设计者能够创建更符合 PPT 课件整体风格的公式，使 PPT 课件达到更好的效果。

4.1.4　文字的提炼方法与技巧

赏心悦目是对 PPT 课件设计的基本要求。如果一张幻灯片的内容过于纷繁复杂，容易引起观众的视觉疲劳。

1. 简洁

从教师的角度来看，幻灯片不是演示的主角，学生才是真正的主角，幻灯片仅仅是用来传递信息的，不宜繁杂，繁杂只会使幻灯片的效果大打折扣，所以制作幻灯片时应力求简洁，如图 4-19 所示。

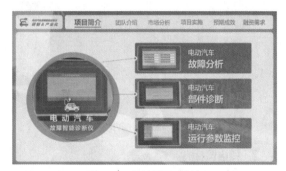

图4-19　简洁的页面表达

2. 给文字瘦身

文字"堆积成山"，是 PPT 课件制作的大忌，会大大削弱 PPT 课件的表现力。如图 4-20（a）所示，PPT 课件中的文字过多。此时如果对段落进行分解，分清主次，将内容分条罗列，效果会更好；还可以使用加粗、变色、斜体、艺术字等文字特效和相关图标来凸显重点内容，图 4-20（a）修改后的效果如图 4-20（b）所示。

（a）修改前的效果

（b）修改后的效果

图4-20　给文字瘦身

3. 用好备注栏

专业的 PPT 课件一般情况下要尽量字少图多，详细内容可以写在备注栏里，方便用户查看。用户在制作 PPT 课件时应充分利用好备注栏。

4.1.5　案例 1：文字排版的 CRAP 原则

扫码观看微课视频

CRAP 是罗宾·威廉斯提出的 4 项基本设计原则，包括亲密性（Proximity）、对齐（Alignment）、重复（Repetition）、对比（Contrast）。

原页面效果如图 4-21 所示，运用"方正粗宋简体（标题）+微软雅黑（正文）"的字体搭配后的页面效果如图 4-22 所示。

图4-21　原页面效果

图4-22　运用字体搭配后的页面效果

下面介绍 CRAP 原则，并运用该原则修改图 4-22 所示的界面效果。

1. 亲密性

亲密性（Proximity）是指彼此相关的项应当靠近，组成一个视觉单元，而不是彼此散落，从而减少页面混乱。要有意识地注意读者是怎样阅读的、视线是怎样移动的，从而确定元素的位置。

目的：实现元素之间的紧凑，使页面留白更美观。

实现：将页面中同类相关元素依照逻辑相关性，归组合并。

注意：不要因为有页面留白就把元素放置在角落或者页面中部，为了避免一个页面上有太多孤立的元素，不要在元素之间留置同样大小的空白，除非各元素同属于一个子集，不属于同一子集的元素之间不要建立紧凑的群组关系。

本案优化：案例包含 3 层意思，标题为"大规模开放在线课程"，其下包含了两部分内容："中国大学 MOOC（慕课）"平台介绍和"学堂在线"平台介绍。根据亲密性原则，把相关联的信息互相靠近。在调整内容时，要注意标题与第一部分内容及第一部分与第二部分内容之间的间距要相等，而且间距一定要拉开，能够让读者清楚地感觉到这个页面共分为 3 个部分，页面效果如图 4-23 所示。

2. 对齐

对齐（Alignment）是指任何元素都不能在页面上随意摆放，当元素之间有某种视觉联系时，可呈现出清晰的外观。

目的：使页面统一且有条理。在创建精美、正式、有趣、严肃的外观时，通常都可以借助对齐原则来达到目的。

实现：无论元素放置在哪里，总能在页面上找到与之对齐的元素。

问题：要避免在页面上混合使用多种文本对齐方式，尽量避免居中对齐，除非有意创建一种比较正式稳重的页面元素风格。

本案优化：运用对齐原则，将"大规模开放在线课程"与"中国大学 MOOC（慕课）"和"学堂在线"的内容对齐，将"中国大学 MOOC（慕课）""学堂在线"中的图片左对齐，将"中国大学 MOOC（慕课）""学堂在线"中的内容左对齐，将图片与内容顶端对齐，最终达到清晰的页面效果，如图 4-24 所示。

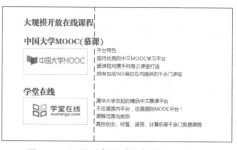

图4-23　运用亲密性原则修改后的页面效果　　　　图4-24　运用对齐原则修改后的页面效果

技巧：在实现对齐的过程中可以使用"视图"选项卡下"显示"组的"标尺""网格线""参考线"来辅助对齐，图 4-24 中的虚线就是"参考线"。也可以使用"开始"选项卡下"绘图"组的"排列"，来实现元素的"左对齐""右对齐""左右居中""顶端对齐""底端对齐""上下居中"。此外，还可以通过"横向分布"与"纵向分布"实现各个元素的等间距分布。

3. 重复

重复（Repetition）是指在进行设计时，某个元素可能会反复出现，利用重复颜色、形状、材质、空间关系、线宽、字体、大小和图片等来增强页面的条理性。

目的：统一并增强视觉效果。一个 PPT 课件在形式上统一，往往更易于阅读。

实现：为保持并增强页面的一致性，可以创建或增加一些专门的重复元素，来增强设计的效果并提高信息的清晰度。

问题：要避免频繁地重复一个元素，要注意进行对比。

本案优化：将案例中的"大规模开放在线课程""中国大学 MOOC（慕课）""学堂在线"标题文本字体加粗，或者更换字体颜色；在两张图片左侧添加同样的"橙色"矩形条；将两张图片的边框修改为"橙色"；在"中国大学 MOOC（慕课）""学堂在线"文本前方添加图标，如图 4-25 所示。通过调整就将"第一期"与"第二期"的内容更加紧密地联系在了一起，很好地增强了版面的条理性与统一性。

4. 对比

对比（Contrast）是指在不同元素之间建立层级结构，让不同的页面元素具有不同的字体、颜色、大小、线宽、形状、空间等，从而增加版面的视觉对比效果。

目的：增强页面效果，有助于突出重要信息。

实现：通过字体、颜色、大小、线宽、形状、空间等来增强对比；且对比要强烈。

问题：大胆运用对比原则形成对比并加强对比。

本案优化：将标题文字"大规模开放在线课程"再次放大；还可以在标题处增加色块来进行衬托，更换标题的文字颜色，如修改为白色等。将"中国大学 MOOC（慕课）"内容部分中的"平台特色："小标题文本加粗，"学堂在线"内容部分中的"清华大学发起的精品中文慕课平台"和"课程范围与类别"加粗；为"中国大学 MOOC（慕课）"和"学堂在线"部分中的内容添加项目符号，突出层次关系，如图 4-26 所示。

图4-25　运用重复原则修改后的效果　　　　图4-26　运用对比原则修改后的效果

4.2　PPT 课件中字体的使用

扫码观看微课视频

4.2.1　字体的介绍

字体是文字的外在形式特征。字体是文化的载体，是社会的缩影。字体的艺术性体现在其完美的外在形式与丰富的内涵之中。计算机中的字体存在于"C:\Windows\Fonts"文件夹中。

4.2.2　第三方字体的安装与应用

字体的安装一般有两种方法：一种方法是将下载的字体文件（TTF/OTF）直接复制到字体所在的文件夹（C:\Windows\Fonts）中即可；另一种方法是右击字体文件，执行"安装"命令，即可完成字体文件的安装。安装文件会自动保存到字体文件夹下，但是启用字体时需要重启软件才能被识别到。

使用第三方字体需要将字体嵌入 PPT 课件中，单击"文件"选项卡，选择"选项"，在"PowerPoint 选项"对话框中选择"保存"选项，选中"将字体嵌入文件"复选框，如图 4-27 所示，这样就可以将字体嵌入 PPT 课件中。如果已定稿则可以将 PPT 课件保存成演示文档放映格式。

图 4-28 中两个封面的字体不同，带给人的视觉感受也不同。其中，图 4-28（b）的封面字体使用了书法字体，给人一种优雅之感，其艺术欣赏价值大大提高。标题文字也可以直接保存成图片格式，避免无法嵌入的问题。

图4-27　在PPT课件中嵌入字体

（a）系统字体

（b）第三方书法字体

图4-28　使用系统字体与第三方书法字体的对比

4.2.3　字体的分类

PPT 课件中使用的字体主要有衬线字体、无衬线字体和书法字体。

1. 衬线字体

衬线字体在笔画开始和结束的地方有额外的装饰，而且笔画的粗细有所不同。文字细节较复杂，较注重文字与文字的搭配和区分。此字体较适合在纯文字的 PPT 中使用。

常用的衬线字体有宋体、楷体、隶书、粗倩、粗宋、舒体、姚体、仿宋体等，如图 4-29 所示。使用衬线字体作为页面标题时，可以给人优雅、精致的感觉。

宋体　楷体　隶书　粗倩　粗宋　舒体　姚体　仿宋体

图4-29　衬线字体

2. 无衬线字体

无衬线字体笔画没有装饰，笔画粗细接近，文字细节简洁，文字与文字的区分不是很明显。相对衬线字体的手写感，无衬线字体的人工设计感较强，时尚而有力，稳重而又不失现代感。无衬线字体更注重段落与段落、文字与图片的配合区分。此字体较适合在图表类型的 PPT 课件中使用。

常用的无衬线字体有黑体、微软雅黑、幼圆、综艺简体、汉真广标、细黑等，如图 4-30 所示。使用无衬线字体作为页面标题时，可以给人简练、明快、爽朗的感觉。

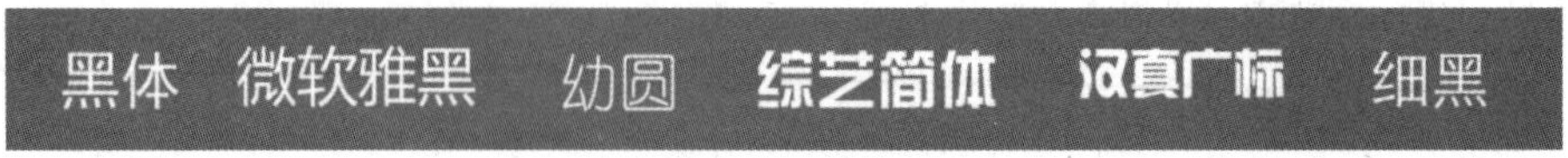

图4–30 无衬线字体

3. 书法字体

书法字体是书法风格的字体。书法字体，传统来讲共有行书字体、草书字体、隶书字体、篆书字体和楷书字体 5 种，也就是 5 个大类。在每一大类中又细分若干小的门类，例如篆书又有大篆、小篆之分，楷书又有魏碑、唐楷之分，草书又有章草、今草、狂草之分。

PPT 课件常用的书法字体有苏新诗柳楷、迷你简启体、迷你简祥隶、叶根友毛笔行书等，如图 4–31 所示。书法字体常被用在封面或片尾，使 PPT 富含传统文化之韵味和富有艺术气息。

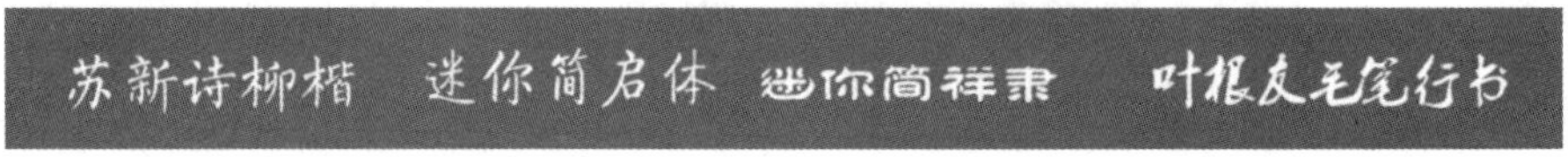

图4–31 PPT课件常用的书法字体

4.2.4 字体的使用技巧

许多人可能认为图片丰富且制作精美的 PPT 课件才是好的 PPT 课件。其实不然，内容有条理、逻辑清晰的 PPT 课件更能传达出内容的精髓。其中，文字起着重要的作用。

1. 字体选择的技巧

选择的字体不同，其特点不同，表意就会不同。字体的选择要适合 PPT 课件的场景和主题。

（1）中文字体的选择

PowerPoint 2016 的默认中文字体是等线体，也可以是微软雅黑或思源黑体，不同的字体表达的意义不同。

宋体：字形方正，结构严谨，精致细腻，显示清晰，适用于正文。

楷体：字体经典，具有很强的文化气质，适用于内文和部分标题。

黑体：字形庄重，突出醒目，具有现代感，适合 PPT 标题的使用。

微软雅黑：字形粗壮，笔画饱满，字体清晰，适用于标题或正文。

隶书：字形秀美，历史悠久，艺术感强，在 PPT 中使用较少。

方正综艺简体：笔画粗，美观，尽量将空间充满，对拐弯处的处理较为圆润，适合用于标题。

方正粗宋简体：笔画粗壮，字形端正浑厚，适合用于标题。

方正粗倩简体：庄重大方，适合用于标题。

方正稚艺体：带有卡通风味，活泼而不死板，适合用于标题。

不同中文字体的不同视觉效果如图 4–32 所示。

宋体	横细竖粗，末端有装饰部分，可用正于文
黑体	笔画整齐划一，可读性差，少用于正文
方正综艺简体	笔画粗，尽量将空间充满、美观，对拐弯处的处理较为圆润，适合用于标题
方正粗宋简体	笔画粗壮，字形端正浑厚，适合用于标题
方正粗倩简体	庄重和大方，适合用于标题
方正稚艺体	带有卡通风味，活泼而不死板，适合用于标题
微软雅黑	字形略呈扁方而饱满，笔画简洁而舒展，易于阅读，常用于正文

图4–32 不同中文字体的不同视觉效果

（2）英文字体的选择

PowerPoint 2016 的默认英文字体是等线体，也可使用 Times New Roman 或 Arial。

Times New Roman 是一套衬线体字型，字体端正大方，结构清晰，风格统一，可用于包装印刷、平面广告、手稿设计、正文标题等。

Arial 是一套无衬线体字型，字型稳健，应用广泛，是标准的英文字体。

2. 字体大小的设置

PPT 课件的字体虽不能太大但也不宜过小，用于演示的 PPT 课件中字体最小字号最好不要小于 18 号，用于阅读的最小字号最好不要小于 12 号。但字体大小主要取决于 PPT 课件页面设置的大小，字体大小可根据页面大小进行调整。

3. 增强文字的视觉效果

为了让幻灯片更具视觉化效果，用户可以通过加大字号、给文字着色及给文字配图的方法来增强文字的可读性，从而增强文字的视觉效果。

① 加大字号可以使幻灯片标题一看就很醒目。

② 给文字着色时，颜色组合的目的是使文字具有高对比度、高清晰度的特点，以便读者阅读。

③ 在幻灯片中添加相关的图片，配合文字的表述，能够更加清晰地展现 PPT 所要表达的主题，如图 4-33 所示。

（a）加大字号，给文字着色　　　　　　　　（b）给文字配图

图4-33　增强文字的视觉效果

4.2.5　案例 2：PPT 课件中字体的经典组合

经典搭配 1：方正综艺体（标题）+微软雅黑（正文）。此搭配适合课题汇报、咨询报告、学术报告等正式场合，如图 4-34 所示。

方正综艺体有足够的分量，微软雅黑足够饱满，两者结合能让画面显得庄重、严谨。

> **淮安，中国历史文化名城**
>
> 淮安是一座典型的因运河而兴的城市，从公元前486年吴王夫差开凿邗沟算起，至今已有2500年的历史。在20世纪初津浦铁路通车前的漫长历史年代淮安是"南北之孔道，漕运之是津，军事之是塞"，同时也是州府驻节之地、商旅百货集散中心。

图4-34　方正综艺体（标题）+微软雅黑（正文）

经典搭配 2：方正粗宋简体（标题）+ 微软雅黑（正文）。此搭配适合在会议之类的严肃场合使用，如图 4-35 所示。

方正粗宋简体是适合在会议场合使用的字体，庄重严谨，铿锵有力，给人以威严与规矩之感。

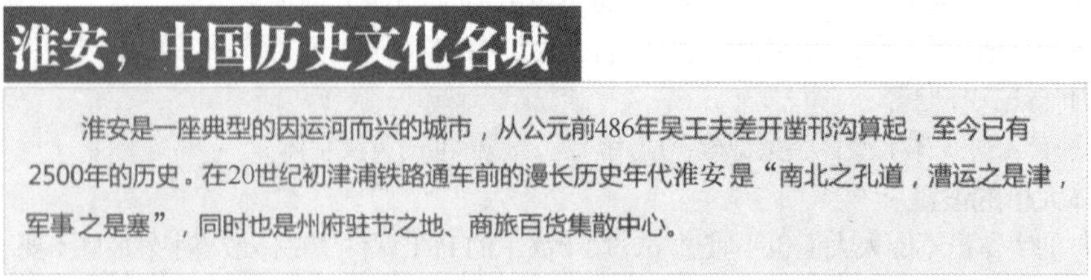

图4-35   方正粗宋简体（标题）+微软雅黑（正文）

经典搭配3：方正粗倩简体（标题）+微软雅黑（正文）。此搭配适合在企业宣传、产品展示之类场合使用，如图4-36所示。

方正粗倩简体不仅有分量，而且有几分温柔与洒脱，可以使画面足够鲜活。

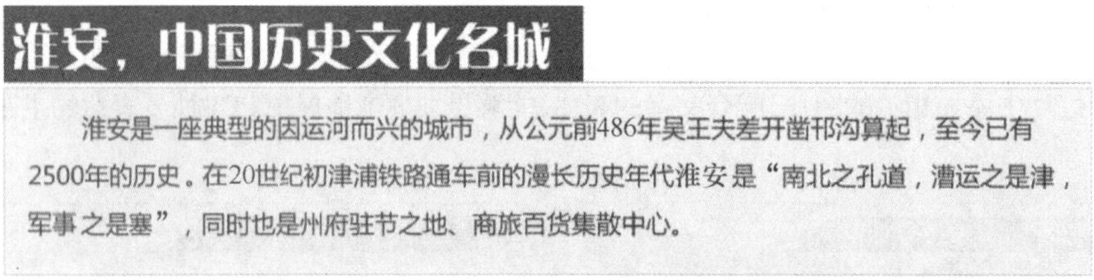

图4-36   方正粗倩简体（标题）+微软雅黑（正文）

经典搭配4：方正卡通简体（标题）+微软雅黑（正文）。此搭配适合用于卡通、动漫、娱乐等活泼一点的场合，如图4-37所示。

方正卡通简体轻松活泼，能增加画面的生动感。

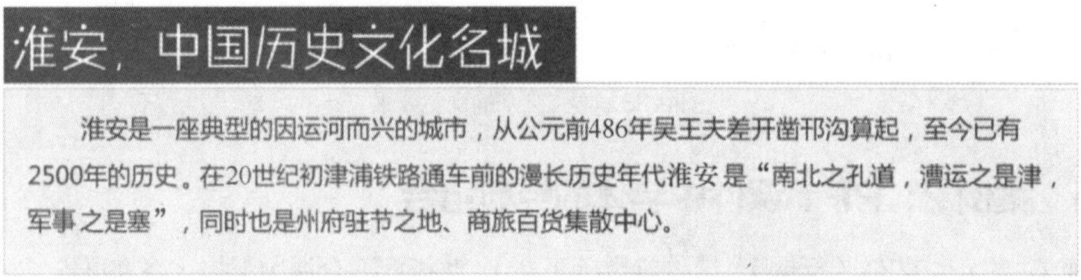

图4-37   方正卡通简体（标题）+微软雅黑（正文）

此外，还可以使用微软雅黑（标题）+楷体（正文）、微软雅黑（标题）+宋体（正文）等搭配。

4.3   PPT 课件中自选图形的绘制技巧

扫码观看微课视频

4.3.1   案例 3：基本图形的绘制

在制作演示文稿的过程中，用户可以在幻灯片中插入自选图形，并根据需要对其进行编辑，从而使幻灯片达到图文并茂的效果。

PowerPoint 2016 中提供的自选形状包括线条、矩形、基本形状、箭头总汇、公式形状、流程图、星与旗帜和标注等。下面我们以"物流管理——物流知识基础"PPT 课件为例，充分利用绘制自选图形来制作一套模板，页面效果如图 4-38 所示。

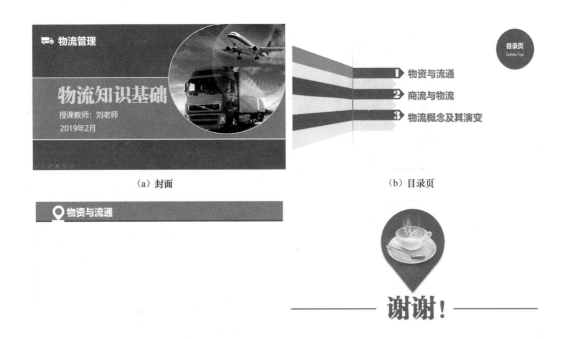

（a）封面　　　　　　　　　　　　　　　　　（b）目录页

（c）内容页　　　　　　　　　　　　　　　　（d）封底

图4-38　"物流管理——物流知识基础"PPT课件中的图形绘制模板

通过对图 4-38 进行分析可知，该案例主要使用了自选绘制图形，如矩形、泪滴形、任意多边形等，还使用了图形绘制的"合并形状"功能。

图 4-38 中的封面、内容页、封底都使用了泪滴形。其具体绘制操作步骤如下。

① 单击"插入"选项卡，选择"形状"选项，选择"基本形状"中的"泪滴形"选项，如图 4-39 所示。在页面中拖动鼠标绘制一个泪滴形，如图 4-40 所示。

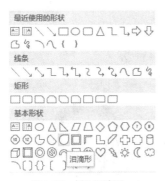

图4-39　插入泪滴形

图4-40　插入泪滴形后的效果

② 选择绘制的泪滴形，设置图形的格式，给图形进行图片填充（素材文件夹下的"封面图片.jpg"），效果如图 4-41 所示。

PPT 课件封底中泪滴形的制作思路：选择绘制的泪滴形，将其顺时针旋转 90°，然后插入图片，将其放置在泪滴形中，效果如图 4-42 所示。

图4-41　封面中的泪滴形效果

图4-42　封底中的泪滴形效果

③ 图 4-38（b）中的目录页主要使用了图 4-39 中的"任意多边形" ⌐（线条栏中，倒数第 2 个图形）来实现。选择"任意多边形"选项，依次绘制 4 个点，闭合后即可形成四边形，如图 4-43 所示。按照此方法即可完成目录页中图形的绘制，如图 4-44 所示。

图4-43　绘制任意多边形

图4-44　绘制的立体图形效果

在幻灯片中完成绘制图形后，还可以在所绘制的图形中添加一些文字，说明所绘制的图形，从而进一步诠释幻灯片的含义。

4.3.2　图形的布尔运算

图 4-38（c）中内容页的空心泪滴形的绘制示意图如图 4-45 所示。

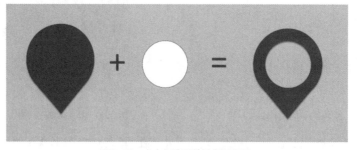

图4-45　空心泪滴形的绘制示意图

图 4-45 中图形的绘制思路：①先绘制一个泪滴形，然后绘制一个圆形，将圆形放置在泪滴形中，调整位置，先选择泪滴形再选择圆形，如图 4-46 所示。

② 单击"格式"选项卡，单击"插入形状"组中的"合并形状"下拉按钮，执行"组合"命令，如图 4-47 所示，就可以完成空心泪滴形的绘制。

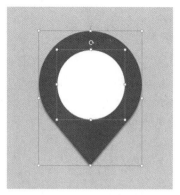

图4-46 选择两个绘制的图形　　　　　　图4-47 合并形状的组合命令

需要注意的是，合并形状要以第一个选中的形状为基础进行编辑，最终得到的形状样式也与第一个形状样式相似，如图 4-48 所示。

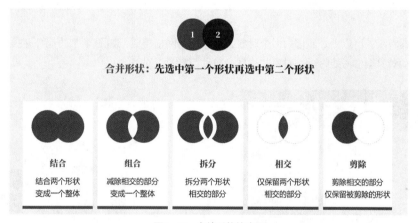

图4-48 合并形状的步骤

4.3.3 网格和参考线的应用

在排版中，网格的间距决定了使用键盘控制图形移动的最小距离，同时，在页面上显示网格和参考线能让用户在制作 PPT 课件时清楚地看到页面上各种对象的对齐情况，方便排版。在编辑区空白处右击，在弹出的快捷菜单中选择"网格和参考线"命令，打开"网格和参考线"对话框，如图 4-49 所示，可以设置网格和参考线的显示属性。或者直接选中"视图"选项卡的"显示"组中的"网格线"复选框和"参考线"复选框进行相关设置。

网格线可以作为调整图像大小和设置图像位置的参考，网格的大小可以调整，最小值为 0.1 厘米，精度为 0.001 厘米。当勾选"对象与网格对齐"各个对象边框的对齐会更容易。在选中"对象与网格对齐"复选框之后，对象的位置移动将以网格间距为标准。为了避免网格影响对象的微调，一般情况下不选中"对象与网格对齐"复选框，使用<Ctrl>键和<↑>、<↓>、<←>、<→>键可以对对象进行微调，每次移动 0.04 厘米。如果要求更精确，可以选中并右击对象后，打开"设置形状格式"窗格进行相关设置，如图 4-50 所示。

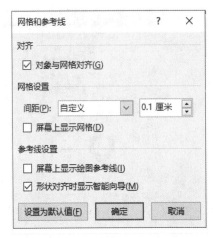

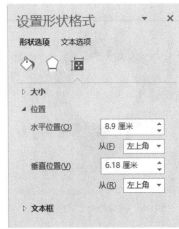

图4-49　"网格和参考线"对话框　　　　　　　图4-50　设置微调精度

若参考线默认颜色在深色背景上不能很好地显示，可以右击参考线，设置参考线颜色，如图 4-51 所示。

使用智能参考线，可以更好地排列多个对象，其作用与网格类似。如图 4-52 所示，在显示绘图参考线的情况下，拖动对象至参考线附近，对象的边框会自动与参考线对齐。

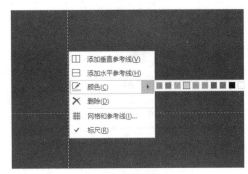

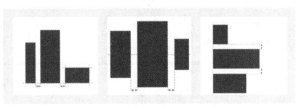

图4-51　设置参考线颜色　　　　　　　　图4-52　"智能参考线"显示

在 PowerPoint 2016 中，参考线分为水平和垂直两种，可以通过拖动来改变位置，在拖动过程中会同时显示绝对距离数值。如果同时按住<Shift>键拖动，则会显示相对距离数值，此时参考线可以用作长度或距离的测量。按住<Ctrl>键拖动参考线，则会生成一条新的参考线。如果需要删除某条参考线，只需将对应的参考线拖到幻灯片之外即可。

4.3.4　对齐功能的应用

对齐功能可以实现多个对象的边缘精准对齐，比手工对齐效果好、高效，特别适合大量对象的快速对齐。用户制作 PPT 课件的时候可以在"开始"选项卡的"绘图"组中单击"排列"下拉按钮，然后选择"对齐"选项。也可以在选中元素后在"绘图工具–格式"选项卡的"排列"组中选择"对齐"选项。PowerPoint 2016 预设了 8 种对齐方式，包括左对齐、水平居中、右对齐、顶端对齐、垂直居中、底端对齐、横向分布、纵向分布。

使用对齐功能的时候，应注意选中"对齐幻灯片"或者"对齐所选对象"选项。因为不同的对齐标准，将会产生不同的对齐效果，如图 4-53 所示。

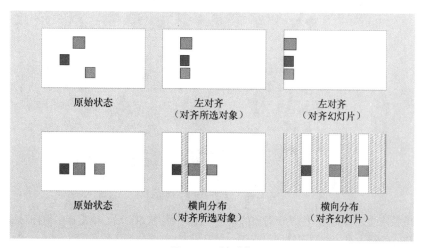

图4-53　对齐功能

4.3.5　组合与"选择"窗格的使用

1. 组合

当页面上对象比较多的时候，无论是移动操作还是编辑操作都难以进行，容易出现误操作。使用 PowerPoint 2016 提供的组合功能，可以把对象变成一个整体，再对其进行统一的编辑。该功能帮助用户提高 PPT 课件制作效率和准确性。

要对多个对象进行组合，如图 4-54 所示，在选中需要组合的对象后，在任意一个对象上右击，在弹出的快捷菜单中选择"组合"命令即可。除此之外，单击"绘图工具-格式"选项卡中"排列"组的"组合"按钮，或者按组合键 <Ctrl+G> 都可以实现组合功能。

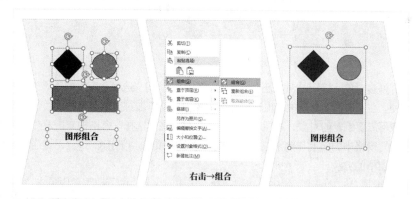

图4-54　组合操作

对于组合之后形成的"形状组"，用户可以方便地进行整体移动和编辑。如图 4-55 所示，对组合之后的"形状组"进行大小编辑，"形状组"会按照统一的标准放大，并且原有的相对位置保持不变；对"形状组"进行填充设置时，"形状组"会被当成一个形状进行填充。如果填充后再取消组合，原有的填充效果就不再保留，PowerPoint 2016 将单独对每个对象进行填充。特别需要注意的是，如果对象原本有动画效果，那么组合后动画效果将被删除。

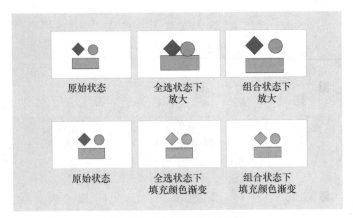

图4-55 对"形状组"的编辑

如果需要单独修改"形状组"中某个对象的属性，选中"形状组"后，单击选中目标对象，然后按照常规方法进行位移、编辑大小、修改属性即可。

2. "选择"窗格

PowerPoint 2016 引入了 Photoshop 中的图层概念，加入了"选择"窗格，如图 4-56 和图 4-57 所示。

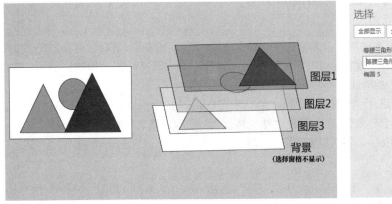

图4-56 图层概念

图4-57 选择窗格

当幻灯片上有许多对象，特别是对象还存在层叠情况时，使用"选择"窗格能很好地选择对象，让 PPT 课件制作更加方便。在"选择"窗格中，想选择什么对象，只须单击对应对象名称即可。单击旁边的眼睛图标，还能暂时隐藏不需要编辑的对象，避免受其干扰。另外，在"选择"窗格中双击对象名称能进行重命名操作，单击"选择"窗格中的向上和向下三角按钮能调整图层顺序，按住<Ctrl>键还能连续选择多个元素。

调用"选择"窗格的方法。

① 在"开始"选项卡的"编辑"组中单击"选择"按钮，在弹出的下拉菜单中单击"选择窗格"命令。

② 选中页面上任意一个图像对象或文字对象，单击"图片工具–格式"或"绘图工具–格式"选项卡中"排列"组的"选择窗格"按钮。

③ 在已经预设好的自定义快速访问栏中单击"选择窗格"按钮。

④ 使用组合键<Alt+F9>调出"选择"窗格。

4.4 PPT 课件文本效果的实现

文字作为信息的载体之一，在 PPT 课件制作中具有重要地位。页面中可以不出现图形图像，但绝对不能缺失文字信息。以文字作主形象的页面也较为常见，掌握好文字的刻画方法，能够明显增强页面的表现力。

那么以文字作为页面主形象都需要注意哪些方面呢？文字的刻画方法有哪些？艺术字效果如何更好地应用在 PPT 课件中？

4.4.1　案例 4：艺术字效果

除了默认的艺术字效果外，还能对文字进行哪些艺术的设计呢？如图 4-58 所示，对文字进行简单的变色、描边和阴影设计，添加有趣的图片替代笔画，让文字更加的艺术。同时对两个重点文字进行淡化处理，使画面具有装饰效果。

（a）基本文字效果　　　　　　　　　　　（b）装饰效果

图4-58　添加元素

这是对文字进行添加艺术效果的处理，没有这些元素还能怎么设计呢？图 4-59 所示是一个英语 PPT 课件的封面，砍价是 PPT 课件的主题，通过对"砍价"两个文字的拆分，使主题更加鲜明，利用之前所学的形状相交就可以达到图 4-58 中的效果。

图4-59　利用形状相交拆分文字

4.4.2　案例 5：阴影效果

PowerPoint 2016 自带的文本效果有阴影、映像、发光、棱台、三维旋转和转换，阴影的设置让文字更加立体，如图 4-60 所示，阴影设置分为外部、内部和透视 3 种类型。

选中文字之后，在"开始"选项卡的"字体"组中单击"S"符号就可以添加阴影效果，并且可以设置形状格式，如图 4-61 所示。

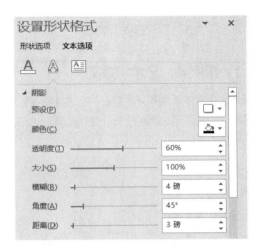

图4-60　3种添加阴影的效果　　　　　　　　图4-61　设置形状格式

阴影的设置有以下几个参数。

预设：默认的 23 个阴影效果；

颜色：调节阴影颜色；

透明度：调节阴影的显示程度，"100%"为无透明，"0%"为纯色；

大小：阴影相对于文字的比例，"100%"表示文字和阴影大小一致；

模糊：调节阴影的虚化程度；

角度：调节阴影的投射方向；

距离：调节阴影和文字之间的距离。

设计以下文字的阴影，使标题更加立体，如图 4-62 所示。

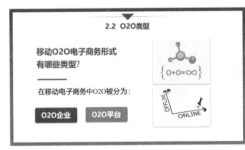

图4-62　标题阴影的设计

4.4.3　案例 6：映像效果

之前的设计对文字使用了预设的映像，下面介绍映像设置的几个参数。

预设：默认的 9 个映像效果；

透明度：调节映像文字的透明度；

大小：调节映像相对于文字的占比，"100%"显示全文字倒影；

模糊：调节映像的虚化程度；

距离：调节映像和文字之间的距离。

如图 4-63 所示，设置文字的映像，使文字映像的位置和热气球的映像位置保持一致。

（a）文字效果　　　　　　　　　　　（b）设置形状格式

图4-63　映像效果的设计

4.4.4　案例 7：转换效果

PowerPoint 2016 提供了 40 个有趣的转换效果，如图 4-64 所示，通过转换效果制作出有趣的画面，同时还可以看到文字运用了阴影效果，使"梦在前方"文字的阴影显示了出来。

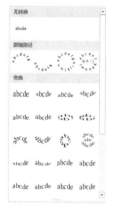

（a）转换效果　　　　　　　　　　（b）文字转换后的效果

图4-64　转换效果的设计

4.4.5　案例 8：文字填充图片效果

图 4-65 所示的文字填充并不是纯色，而是具有一定质感的图片，使其可以更好地融入进来；还可以填充和文字相关的图片，让文字更具感染力。

图4-65　文字填充图片的设计

复制图片，选中文字，右击选择"设置文字效果格式"，然后选择"文本填充"，选择"图片与纹理填充"单选按钮单击"剪贴板"按钮就可以将复制的图片填充到文字里面，如图 4-66 所示。直接填充是将图片大小压缩至和文本框大小一致，效果如图 4-67 所示。在透明度选项下面有"将图片平铺为纹理"复选框，"将图片平铺为纹理"是将原始图片的一部分填充到文字，图片不压缩变形，效果如图 4-68 所示。

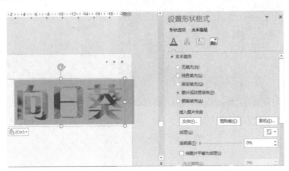

图4-66　剪贴板填充

图4-67　直接填充效果　　　　　　　　　图4-68　"将图片平铺为纹理"效果

4.4.6　案例 9：双色文字效果

在制作 PPT 课件时，有时需要添加一些有趣的文字使画面变得更有张力、更加有趣。如图 4-69 所示，给文字添加双色效果，利用黑与白两色形成鲜明的对比。选中文字，进行文本填充，选择"渐变填充"，添加两个渐变光圈，第一个光圈设置为"黑色"，第二个光圈设置为"白色"，填充类型选择"线性"，角度为"90°"，两个光圈位置都设置为"50%"，通过以上操作就可以将文字变成双色文字。

（a）双色文字效果　　　　　　　　　　　（b）设置形状格式

图4-69　双色文字的设计

4.5　本章小结

文字与图形是一对"黄金搭档"，二者共同构成设计的艺术。通过对字体的合理搭配，文本排版原则的运用和特殊文字效果的设置，可以优化 PPT 课件表达效果，增强 PPT 课件的趣味性和可读性，吸引学生注意力。新版本的制作工具也让 PPT 课件的制作更加便捷，如公式的插入、音标的调节等。

4.6　实践作业

对以下内容进行提炼，并结合本章学习的内容制作全新的 PPT 课件。

———————————————————— 举例文章 ————————————————————

标题：微课相关概念

在美国，宾夕法尼亚大学的"60 秒系列讲座"、美国韦恩州立大学实施的"一分钟学者"活动都是微课程。其中，墨西哥州圣胡安学院（综合性学科大专社区学院）的高级教学设计师、学院在线服务经理戴维·彭罗斯（David Penrose）首次提出了时长一分钟的"微课程"理念。他的主要思想是在课程中把教学内容与教学目标紧密地联系起来，以产生一种"更加聚焦的学习体验"。戴维·彭罗斯被人们戏称为"一分钟教授"，他把微课程称为"知识脉冲"，同时他认为知识脉冲要有相应的作业与讨论，就能够达到与长时间授课同样的效果。这意味着微课程不仅可以用于科普教育，也可以用于课堂教学。

———————————————————— 结束 ————————————————————

依据以上内容，制作完成的页面参考效果如图 4-70 所示。

　　　　（a）方案 1　　　　　　　　　　　　　　　　（b）方案 2

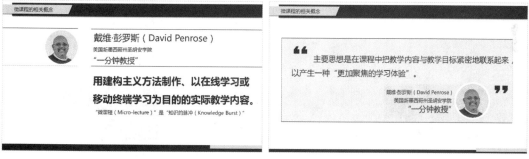

　　　　（c）方案 3　　　　　　　　　　　　　　　　（d）方案 4

图4-70　页面参考效果

第 5 章

PPT课件中图片的使用

5.1 PPT 课件中图片使用概述

扫码观看微课视频

5.1.1 PPT 课件中图片的作用

PPT 课件设计领域流传着这样一句话:"文不如字,字不如表,表不如图。"或许这句话有点夸张,不过它却很好地表达了 PPT 课件中图片对于传达信息的强大作用。图片是直观化呈现教学内容的重要元素,能准确地传达信息内容,图片的视觉冲击力明显要强于文字,使用图片可以令一些抽象的知识直观地表达出来,帮助学生理解和记忆知识点。当学生的目光投向幻灯片的时候,首先注意到的是图片,然后才是文字。"一图胜千言",图片对于 PPT 课件的制作十分重要。在 PowerPoint 2016 中图片的主要操作包括插入图片、插入插画、插入屏幕截图、创建相册、自定义形状填充图像、背景填充等,效果示例如图 5-1 所示。

图5-1 图片的主要操作

插入图片就是通过"插入"选项卡中"插图"组的相关命令,插入图片对象。插入插画可以通过复制目标图像文件,将其直接粘贴在指定的幻灯片页面上。插入屏幕截图可以通过按下<Print Screen>键截取屏幕,然后在 PPT 课件中直接粘贴即可。创建相册就是通过同时插入多张图片来实现相册效果。自定义形状填充图像就是利用自绘图形的填充功能插入特殊形状的图片。背景填充就是以背景填充方式插入图片。

　　PPT 课件中的图片不只是装饰品，其使用目的是直观地呈现教学内容。根据教学目的的不同，图片的用途也略有差异。只有充分掌握并利用图片的目的，才能在 PPT 课件制作过程中有的放矢，发挥图片作用，达到教学目的。

　　PPT 课件中图片的作用包括以下几个方面。

1. 构建真实的教学环境

　　在教学过程中，为了让学生更好地融入教学内容情景，教师常常需要通过一些图片、视频和音乐等来营造教学气氛。而图片因其包含的信息量巨大，常常被用于真实教学环境的构建。如图 5-2 所示，利用计算机图片构建真实的教学环境。

图5-2　构建真实的教学环境

2. 将微观或宏观的实物直观化展示

　　对于一些微观或者宏观的实物来说，因为课堂上不可能进行实物演示，所以教师通常使用 PPT 课件来进行模拟，将知识直观化。对于原子结构来说，一般情况下，课堂上是没有条件对其进行观察的，在 PPT 课件中使用图像素材，展示历史上人们对原子结构模型认识的变化过程，既形象又直观，学生可以通过视觉刺激牢牢记住原子结构模型，如图 5-3 所示。

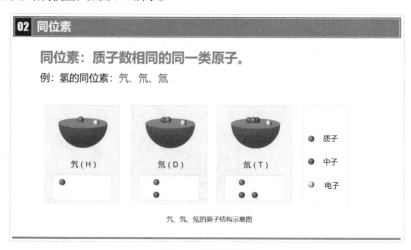

图5-3　原子结构模型

3. 将抽象概念具象化演示

　　在教学过程中，经常会遇到一些抽象的概念，在现实生活中无法找到具体实物与之相对应，这往往会导致学生在理解上出现困扰。例如，光反射的法线概念、磁感线概念等，对这些概念仅使用文字描述难以理解。光线在光纤中传播的路线不容易进行直观展示，使用图像将原本抽象的概念具象化，可以方便课堂的教学，有助于引导学生快速理解，如图 5-4 所示。

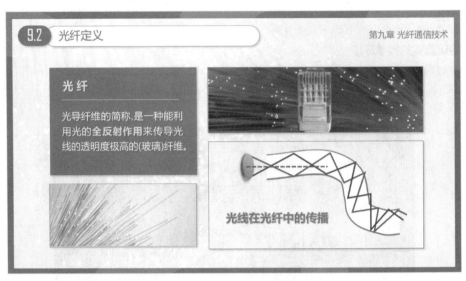

图5-4　光线在光纤中的传播

4. 作为示意图

光学、力学、电学，以及几何证明题、地图等，常常需要图像配套进行说明。"机械制图" PPT 课件中配套使用图像和动画，循序渐进地引导学生思考，可以让课堂教学更加生动有趣。图 5-5 所示的棱柱的截交线，直观介绍了截平面倾斜于顶面的概念。

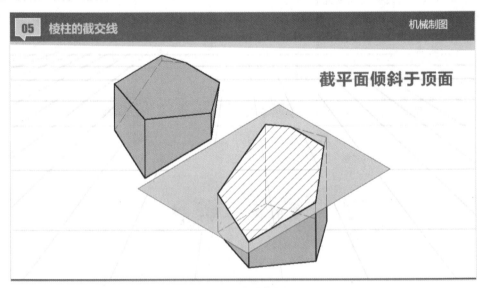

图5-5　棱柱的截交线

5. 展示流程图和思维导图

流程图和思维导图可以快速地展示知识点之间的结构关系，发挥板书的功效。课程安排可以根据思维导图顺序逐步进行，合理的流程图能帮助学生了解学习进度，帮助教师掌握教学进度，如图 5-6 所示。

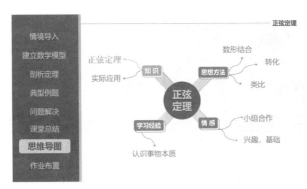

图5-6　课堂思维导图

5.1.2　PPT 课件中常用的图片类型

1. JPG

JPG 是一种高压缩比、有损压缩真彩色的图像文件格式，其最大的特点是文件比较小，可以进行高倍率的压缩，因而在注重文件大小的领域应用广泛。PPT 课件中的背景图片和素材图片大多是 JPG 格式，在使用这种格式的图片时要注意以下几个问题。

第一，保证图片的清晰度，杜绝模糊的图片。高清质量的 JPG 图片如图 5-7 所示。

（a）高清的风景类 JPG 图片　　　　　　　　（b）高清的绘制工具 JPG 图片

图5-7　高清质量的JPG图片效果

第二，确保一定的光感。明亮的光、明显的影、清晰的层次感，会使 PPT 课件有"通透"之感，如图 5-8 所示。

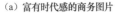

（a）富有时代感的商务图片　　　　　　　　（b）计算机上的业绩报告

图5-8　具有一定光感的JPG图片效果

第三，图片要有创意。有创意的图片能够让人过目不忘，有创意的图片会给人以巧妙、幽默、新奇的感觉，如图 5-9 所示。

（a）商务金融创意设计　　　　　　　　　　　　　　（b）创意菠萝

图5-9　具有创意的JPG图片效果

2. GIF

GIF 是一种通用的图像文件格式，由于其最多只能保存 256 种颜色，因此，GIF 格式的文件不会占用太多的磁盘空间。GIF 格式还可以用于保存动画，在一张 GIF 图片中可以插入多幅图片，制作一些简单的动画。

3. PNG

PNG 是一种较新的图像文件格式。从 PPT 课件应用的角度来看，PNG 图片具有 3 个特点：一是清晰度高，二是背景一般都是透明的，三是文件较小。充分利用它支持透明效果的特点，使彩色图片的边缘能与任何背景平滑地融合，从而彻底消除锯齿边缘。它的这种功能是 JPG 格式所没有的。

如图 5-10 所示，图 5-10（a）为 PNG 格式的图片，图 5-10（b）为 JPG 格式的背景图片，将两幅图片透视插入 PPT 课件后，由于图 5-10（a）中车的周围为透明，从而呈现出图 5-10（c）所示的效果。

（a）汽车的 PNG 图片　　　　（b）背景 JPG 图像　　　　（c）PNG 图片放置到 JPG 图片上之后的效果

图5-10　PNG图片素材

4. AI

AI 图片是矢量图的一种，除此之外，EPS、WMF、CDR 等格式的图片也是矢量图片。矢量图片的基本特征是可以任意放大或缩小，但不会影响图片效果，所以这种格式的图片在印刷业中被广泛使用。图 5-11 所示的图片就是 AI 图片在放大前后的效果。

（a）AI 图片的原图　　　　　　　　（b）AI 图片放大后的局部效果

图5-11　AI图片

5.1.3　PPT 课件中图片的使用原则

在制作 PPT 课件时，需要注意不同图片的使用原则。

1. 清晰美观

在制作 PPT 课件时，可能会对图片进行横向拉伸或者纵向拉伸，从而导致图片变形。如图 5-12 所示，由于对该图片进行了横向拉伸，所以图片上的车床都变形了，看上去很奇怪，不仅容易对学生造成误解，而且对教学内容可能理解错误。另外，如果图片像素较低，被放大后，图片会模糊，出现像素化现象，导致细节信息缺失。同时，失真的图片会降低 PPT 课件的观赏性，不能起到吸引学生注意力的作用，违背 PPT 课件制作的初衷。

图5-12　C6140A代号解释

对于像素低的图片，用户可以通过"百度识图"功能找到与之相似但不同像素的图片，如图 5-13 所示。

图5-13　"百度识图"功能

2. 真实可信

许多教师在制作 PPT 课件时会直接从剪贴画中搜索漫画风格的图片。漫画笔画简单，往往带有随意性，一些过度简略的漫画，在传达信息准确性上更是无法保证。如图 5-14 所示，图 5-14（a）的页面使用了笔画简单的漫画，该图片的信息传达能力很弱，也不能很好地引起学生的注意力；图 5-14（b）中的页面改用真实的航拍地球照片，展现了科学的严谨性和权威性，课程主题也更加明确。

（a）普通的漫画图片　　　　　　　　　　　　　（b）真实的航拍地球图片

图5-14　真实可信的图片应用

在选择 PPT 课件封面图片的时候，建议选择清晰度高、有启发性、价值意义高的图片，好的封面图片对课程内容的准确表达起到重要作用。

3. 主题相关

套用模板是制作 PPT 课件的常见做法，但不是每一个模板都能跟教学主题相匹配。如图 5-15 所示，图 5-15（a）使用了一些与 PPT 课件主题不相关的图片使学生感受不到生命的神秘；图 5-15（b）通过动物和植物图片来传达繁衍、呵护、传承，从而更清晰地揭示主题的含义，显示生命的可贵，而且将动物和植物图片分上下排版来进行区分。

（a）主题相关度较低的图片　　　　　　　　　　（b）主题相关度较高的图片

图5-15　主题相关的图片应用

4. 风格统一

在制作 PPT 课件时不管素材有多少，PPT 课件都应该有一个统一的风格，而且在图片类型和图片的排版方式上都应该统一。如图 5-16 所示，图 5-16（a）中图片的类型、图片的大小不统一，图片的摆放也是杂乱无章的，学生无法在其上找到重点；图 5-16（b）是经过修改后的效果，图片采用了统一的裁剪方式，水平排列，重点信息一目了然。

（a）风格不统一的图片　　　　　　　　　　（b）风格统一的图片

图5-16　风格统一的图片应用

5. 去粗存精

从网上下载的图片通常带有水印或者日期等其他信息。如图 5-17 所示，图 5-17（a）就带有网址，建议使用图片之前先对其进行处理，可以使用图片裁剪工具将右下角的网址裁剪掉，裁剪掉的效果如图 5-17（b）所示。

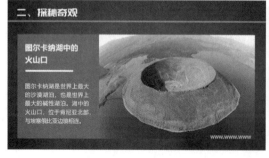 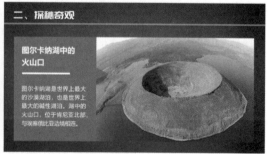

（a）素材图片包含多余信息　　　　　　　　　　（b）删除多余信息后的效果

图5-17　去粗存精的图片应用

5.1.4　PPT 课件中图片的挑选方法

在制作 PPT 课件时，如何从琳琅满目的图片库中挑选出适合的图片呢？下面将从图片质量、图片内容和图片风格 3 个方面来讲解挑选图片的方法与技巧。

1. 挑选高质量的图片

高质量的图片，其像素通常较高，色彩搭配比较醒目，明暗关系对比强烈，细节比较清晰。使用这样的图片会提升 PPT 课件的精致感。图 5-18 所示为低质量图片与高质量图片的对比。

（a）低质量图片　　　　　　　　　　　　　　（b）高质量图片

图5-18　低质量图片与高质量图片的对比

在制作 PPT 课件时，尽量选择视觉冲击力强、感染力强的高质量图片。如图 5-19 所示，图 5-19（a）使用卡通形象来表达攀登主题，但是卡通形象较呆板，不能很好地表达出这一主题；图 5-19（b）则用了真实的攀登者图片，具有更强的视觉冲击力，更能表达主题。

（a）卡通攀登形象呆板　　　　　　　　（b）真实攀登者图像增强视觉冲击力

图5-19　选择视觉效果较好的高质量图片

注意：尺寸过小的图片、低质量的图片很容易降低 PPT 课件整体的专业度与精致感。

2. 挑选符合 PPT 课件内容的图片

要挑选与 PPT 课件内容相符合的图片，因为图片可以直接承载演讲的内容，渲染特定的气氛，提升 PPT 课件的整体效果。图 5-20 中的手机图片可以表达出手机通信技术快速发展的含义，图 5-21 可以表达出匠心茶道的含义。

图5-20　手机通信技术　　　　　　　　　　　图5-21　茶文化

3. 挑选适合风格的图片

图片除了要足够清晰、与内容契合之外，图片风格还要与 PPT 课件的整体风格相符。这里把图片分为正式严谨、幽默风趣、诗情画意、创意 4 种风格。

正式严谨风格的图片是经过精心安排、设计的图片。这类图片真实感强，细节丰富，光影变化细腻，能够增强 PPT 课件的可信度与商务感。图 5-22 所示为正式严谨风格的图片。

幽默风趣风格的图片中包含夸张的表情、不可思议的动作。这类图片能增强 PPT 课件的趣味性，吸引观众的眼球，体现演说者风趣幽默的风格。图 5-23 所示为幽默风趣风格的图片。

图5-22　正式严谨风格的图片　　　　　　　　　　图5-23　幽默风趣风格的图片

诗情画意风格的图片没有明确的主题，但是画面能给观众带来轻柔或者浪漫的感觉。图 5-24 所示为诗情画意风格的图片。

创意风格的图片，不同于写实的图片。这类图片可以是实拍的照片或者计算机绘制的图案，也可以是后期合成的图片。图 5-25 所示为创意风格的图片。

图5-24　诗情画意风格的图片　　　　　　　　　　图5-25　创意风格的图片

5.2　图片的排版技巧

扫码观看微课视频

5.2.1　案例 1：多图排版的技巧

当一张幻灯片中使用多张图片时，需要合理安排图片的位置。为了使图片的排版获得最佳效果，下面介绍多图排版的技巧。

（1）多张景物图片

① 当一张幻灯片中有天空与大地两张图片时，把天空放到大地的上方，这样看起来更协调。

② 当有两张大地图片时，若使两张图片的地平线在同一直线上，则两张图片看起来就会和谐很多，如图 5-26 所示。

（a）天空在上大地在下　　　　　　　　　　（b）两张大地图片在同一地平线上

图5-26　天空与大地的排列方式

（2）多张人物图片

若有多张人物图片，将人物的眼睛置于同一水平线上，这样在视觉上看起来是很舒服的。这是因为当这些人物的眼睛处于同一水平线上时，观众的视线在 4 张图片间的移动是平稳流畅的，如图 5-27 所示。

另外，观众视线实际上是随着图片中人物视线的方向进行移动的。所以，处理好图片中人物与 PPT 课件内容的位置关系非常重要，如图 5-28 所示。

当处理单个人物与文字排版的位置关系时，人物的视线应面向文字；当使用有两个人物的图片时，两个人物的视线应相对，这样可以营造和谐稳定的页面氛围。

图5-27　多个人物的眼睛在同一水平线上　　　　图5-28　PPT课件内容与人物视线的方向

5.2.2　案例 2：强调突出型图片的处理

对比是辨认的基础，要让强调的内容凸显出来，就需要增大它与其他元素之间的对比度。而在 PPT 课件中，图片的对比主要是通过颜色的差异来实现的（见图 5-29）。

（a）原图　　　　　　　　　　　　　（b）强调方式 1

图5-29　强调突出型图片的处理方式

（c）强调方式2

（d）强调方式3

图5-29　强调突出型图片的处理方式（续）

5.2.3　案例3：图文混排的技巧

图片通常是色彩斑驳的，文本通常是颜色单一的，当两者需要放在一起时，常出现文本与部分图片颜色相近而不好分辨的情况。为了让文字能够被看得清楚，可以采用以下图文混排的方法。

1. 将文字直接放到颜色较纯净的空白区域

当空白区域不足时，可以使用背景删除工具将背景移除，然后在背景上直接输入文字，如图 5-30 所示。当文字出现在图片上原本就有的内容载体（如名片、显示器等）上时，图片与文字的结合就更加自然而巧妙了，如图 5-31 所示。

图5-30　在背景上直接输入文字

图5-31　在图片上的空白区域输入文字

2. 为文字添加轮廓或发光效果

当发光效果的透明度为 0 时，实际上是为文字添加了一种柔和的边框，如图 5-32 所示。另外，文字的轮廓会让字体的字重减小，发光则不会对字形产生影响。

3. 在文本框下方添加图形

在文本框下方添加图形，图形既可以是透明的，也可以是不透明的，如图 5-33 所示。

图5-32　设置文字发光效果

图5-33　添加图形作为文字背景

4. 为文字添加便签、纸片等图片

当为文字添加便签、纸片等图片时，可以通过添加阴影或者使用图钉、便签纸等素材对其进行修饰，这

样便签和纸片会变得更加真实，如图 5-34 所示。

（a）使用图钉修饰的效果　　　　　　　　　　（b）使用便签纸修饰的效果

图5-34　文字上添加图钉或便签纸

5.2.4　案例 4：全图型 PPT 课件的制作技巧

图文搭配是 PPT 课件设计的基本功。给图片配上文字，与平面排版有相通之处，但二者的重点不同，所以处理方式截然不同。

下面介绍几种全图型 PPT 课件的制作技巧。

1. 文字渲染型

文字渲染型可以让观众更多地注意文字，进而运用文字优化画面。

运用这个类型，需要选好字体，如手写体、粗犷体、纤细体等，字体选择不同，PPT 课件的最终效果也不同，如图 5-35 所示，图 5-35（a）与图 5-35（b）使用两种文字表达了两种不同的效果。

（a）手写体的效果　　　　　　　　　　（b）书法字体与思源宋体的效果

图5-35　文字渲染型

2. 朴实无华型

朴实无华型只有纯文字，没有颜色、大小、字体等的对比。这种类型又有两个基本型：水平型和竖直型，如图 5-36 所示。

（a）水平型　　　　　　　　　　　　（b）竖直型

图5-36　朴实无华型

运用这种类型的关键在于把握好字体、间距和文字内容的选择。字体要与画面融合，间距根据需要进行增减，文字也要与画面融合。

3. 底纹型

底纹型是指在文字区域存在一个底纹将文字与画面分离开来。

这种类型的优点是能够最大限度地降低画面对文字的影响，让设计者拥有更大的空间来选择文字与排版，并且能更加有效地突出文字。在设计时经常会遇到这样的情况，当在画面中输入文字时，因为颜色差异不大，文字经常会被画面掩盖。这时，底纹型就可以很好地解决这个问题，如图 5-37 所示。

（a）圆形半透明衬托　　　　　　　　　　　　（b）矩形区域衬托

图5-37　底纹型

底纹型的关键在于如何让底纹更好地融合进画面而不显突兀，其方法有：让底纹本身具有设计感；调整底纹的不透明度；将部分文字置于底纹之外以加强底纹与画面的联系。

4. 文字线型

文字线型是指在画面的文字之中有一条线。这条线通常有 3 种表现形式：水平线、垂直线和斜线。而线本身又有两种形式：实线和虚线。线的作用主要体现在平衡画面、凸显层次、引导观众等方面。文字线型如图 5-38 所示。

（a）水平线　　　　　　　　　　　　　　　　　（b）垂直线

图5-38　文字线型

5. 字体搭配型

字体搭配型就是不同字体类型的搭配。字体不要太多，一般 2～3 种即可，同中求异，突出重点，另外印刷体和手写体也可以进行搭配。字体搭配还包括中英文搭配、文字与数字搭配等。图 5-38 中就使用了两种字体的搭配。

6. 颜色搭配型

颜色搭配型就是文字有两种及以上的颜色搭配。需要注意的是：颜色不要太多，2～3 种即可，色彩的纯度不要太高，否则容易产生杂乱的效果，如图 5-39 所示。

7. 大小搭配型

大小搭配型是指将文字的大小进行搭配,让字体有一个大小的变化,进而突出重点和拥有节奏上的变化,如图 5-40 所示。

图5-39　颜色搭配型

图5-40　大小搭配型

5.3　图片效果的应用技巧

PPT 有强大的图片处理功能,下面介绍一些图片效果的应用技巧。

5.3.1　案例 5:图片相框效果

PowerPoint 2016 在图片样式中提供了一些精美的相框,直接利用该相框会使图片变得模糊,而且可选择性不大。在此使用自定义相框会使图片的效果更理想,具体方法如下。

打开 PowerPoint 2016,插入素材图片"山峦.jpg",双击图片,然后再设置"图片边框":边框颜色为"白色",边框粗细为"6 磅",设置"图片效果"中的"阴影"效果为"偏移:中",进而实现自定义边框,如图 5-41 所示。复制图片并进行移动与旋转,效果如图 5-42 所示。

图5-41　设置"图片效果"为"偏移:中"

图5-42　图片相框效果

5.3.2　案例 6:图片映像效果

图片的映像效果是立体化的一种体现,运用映像效果,给人更加强烈的视觉冲击。

要设置映像效果,可以在选中图片(素材"蝴蝶.jpg")后,执行"格式"选项卡的"图片样式"组中"图片效果"菜单下的"映像"命令,然后选择合适的映像效果即可(半映像,4 pt 偏移量),如图 5-43 所示。然后设置恰当的距离与映像即可,效果如图 5-44 所示。

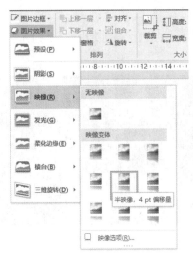

图5-43　设置"图片效果"为"半映像，4pt偏移量"　　　　图5-44　图片映像效果

也可以右击图片，在弹出的快捷菜单中选择"设置图片格式"命令，在"设置图片格式"窗格中对映像的透明度、大小等细节进行设置。

5.3.3　案例7：快速实现三维效果

图片的三维效果是图片立体化最突出的表现形式，其实现方法如下。

选中图片（素材"摩托.jpg"）后，执行"格式"选项卡的"图片样式"组中"图片效果"菜单下的"三维旋转"命令；选择"透视"下方的"右透视"命令，右击图片，执行"设置图片格式"命令，在"三维旋转"选项卡中设置 X 旋转"320°"（见图 5-45）；最后设置"映像"效果，最终的效果如图 5-46 所示。

图5-45　"设置图片格式"窗格　　　　图5-46　图片三维效果

三维效果为 PPT 课件演示带来了革命性的变化，但图片并非越立体越好，使用时应注意不可"喧宾夺主"。有的 PPT 使用大量的修饰性图片，如果这些修饰性图片全都使用立体效果，反而冲淡了 PPT 课件的主题。在使用三维效果时注意画面要统一，阴影、旋转等要有一定的规律，保持统一，不可随意添加，否则导致前后的立体效果互相冲突。使用该效果时要根据背景而定，简洁的背景可以使用立体效果，复杂的背景要慎用立体效果，若过度使用只会让页面看起来杂乱。

5.3.4　案例 8：利用裁剪功能实现个性形状

在 PPT 课件中插入的图片的形状一般是矩形，通过裁剪功能可以将图片更换成任意的自选形状，以适应多图排版的需要。

双击图片（素材"山峦.jpg"），单击"裁剪"按钮，设置"纵横比"的比例为"16：9"，调整位置，可以将素材裁剪为正方形。

执行"格式"选项卡的"大小"组中裁剪菜单下的"裁剪为形状"命令，选择"立方体"（见图 5-47），裁剪后的效果如图 5-48 所示。

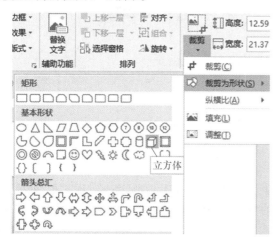

图5-47　设置裁剪形状为"立方体"

图5-48　裁剪后的效果

5.3.5　案例 9：形状的图片填充

当有些形状在图片裁剪形状中没有时，可以先"绘制图形"，然后再以"填充图片"的方式来实现。需要注意的是，绘制的图形和将要填充图片的长宽比务必保持一致，否则会导致图片扭曲变形，从而影响美观。图片填充后的效果如图 5-49 所示。选择图形，右击图形，选择"设置图片格式"命令，在弹出的"设置图片格式"窗格的"填充"选项卡中，选中"图片或纹理填充"，在"插入图片来自"的下方，单击"文件"按钮，选择要插入的图片即可，如图 5-50 所示。

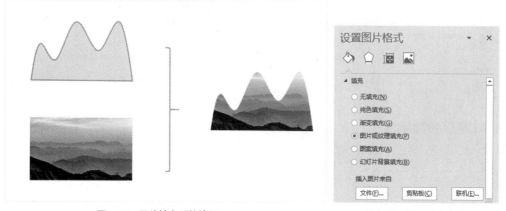

图5-49　图片填充后的效果　　　　　　　　图5-50　设置填充方式

插入完成后，还可以设置相关的其他参数，根据需要进行调整。

5.3.6　案例10：给文字填充图片

为了使文字更加美观，还可以将图片填充到文字内部，其具体方法与形状的图片填充相似，如图 5-51 所示。

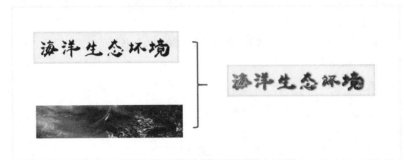

图5-51　文字填充图片后的效果

5.4　本章小结

图片在 PPT 课件中应用广泛，本章详细介绍了常见的图片类型、使用原则与编辑处理方式，展示了图文排版的设计技巧和图片效果的应用技巧，利用真实的 PPT 课件案例对 PPT 课件中图片的使用进行了展示。

5.5　实践作业

曾教授要做一个"西方小学课程的历史与现状相比较"的 PPT 课件，她的助教为她制作了一个版本，如图 5-52 所示。

(a) 页面 1　　　　　　　　　　　　　　(b) 页面 2

图5-52　案例原始效果

曾教授看后不是很满意，如果你是她的助教，请完成优化方案。

第6章

PPT课件中图表的应用

6.1　表格的美化与应用

表格的优点在于它能支持数字的应用，能多维度地对数据进行汇总和总结。本节首先介绍 PowerPoint 2016 设计表格的方法与技巧。

6.1.1　表格的封面设计

运用表格的方式设计 PPT 课件的封面页面效果如图 6-1 所示。

岩土工程勘察

地质勘测学院

（a）效果1　　　　　　　　　　　　　　　（b）效果2

（c）效果3　　　　　　　　　　　　　　　（d）效果4

图6-1　表格的封面设计

本例主要运用了表格的颜色填充，同时运用图片作为背景。制作图 6-1（b）的背景图片时，需要先选择表格，然后单击鼠标右键，执行"设置形状格式"命令，在"设置形状格式"窗格中设置"图片或纹理填充"的相关参数，单击"文件"按钮后选择所需图片即可，注意选中"将图片平铺为纹理"复选框。

6.1.2　表格的目录设计

运用表格的方式设计 PPT 课件的目录页页面效果如图 6-2 所示。

（a）效果1　　　　　　　　　　　　　（b）效果2

（c）效果3　　　　　　　　　　　　　（d）效果4

图6-2　表格的目录设计

6.1.3　表格的常规设计

运用表格的方式可以进行 PPT 课件内容页页面的常规设计，如图 6-3 所示。

（a）效果1　　　　　　　　　　　　　（b）效果2

（c）效果3　　　　　　　　　　　　　（d）效果4

图6-3　表格的常规设计

6.1.4　表格的文字排版设计

运用表格的方式可以进行 PPT 课件内容页页面的文字排版设计，如图 6-4 所示。

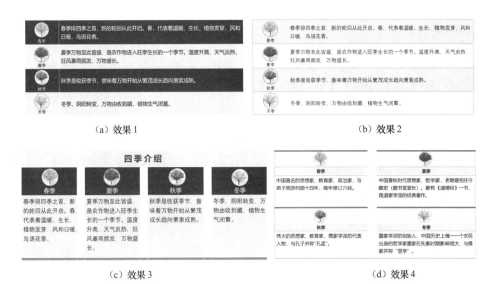

（a）效果 1　　　　　　　　　　　　　　（b）效果 2

（c）效果 3　　　　　　　　　　　　　　（d）效果 4

图6-4　表格的文字排版设计

6.2　逻辑图表

扫码观看微课视频

逻辑图表将繁杂冗长的信息变得清晰并易于理解，将信息转换为图表，往往比单纯的文字更直观。对于带有数据的可量化的信息，一般可以使用柱状图、饼图等包含数据的图表进行展示，但不可量化的没有数据的信息，则需要运用逻辑图表进行可视化的展示。

6.2.1　逻辑图表的分类与展示

常见的逻辑图表包括并列关系图表、包含关系图表、扩散关系图表、递进关系图表、冲突关系图表、强调关系图表、循环关系图表、组织结构关系图表、时间线关系图表和综合关系图表等。

1. 并列关系图表

并列关系是指所有对象都是平等、并列的关系，将各个对象按照一定的顺序——列举出来，没有主次之分，没有轻重之别。

制作技巧：并列的对象一般都是由标题加解释性文本组成的。

几个对象在颜色、大小、形状等方面要保持一致，例如，颜色要相同或者具有相似的亮度与饱和度；大小要相同或者具有一定的规律（如空间规律）；形状一般要相同。通常，并列关系图表只需要制作一个对象，然后对其进行复制，再更改颜色等即可，如图 6-5 所示。

（a）效果 1　　　　　　　　　　　　　　（b）效果 2

图6-5　并列关系图表样例

2．包含关系图表

包含关系是指一个对象包含另外一个或几个对象，其余几个对象之间可以是并列关系，也可以是更复杂的关系。

制作技巧：制作的关键在于"包含"的概念如何进行体现，一般用一个闭合的图形来表示中心对象，可以把中心对象做得很大，再把其余几个对象包含进来；也可以单独再画一个圆形或矩形把其余几个对象囊括进来，如图6-6所示。

（a）效果1　　　　　　　　　　　　（b）效果2

图6-6　包含关系图表样例

3．扩散关系图表

扩散关系是指把一个对象分解、引申或演变为几个对象的情况，是综合关系的逆过程，一般用于解释性的幻灯片中。

制作技巧：从"总"到"分"是这一关系的典型特征。

中心对象最显眼、分量最重，分对象通过各种方式关联在一起，并与中心对象呈发散状分布，如图6-7所示。

（a）效果1　　　　　　　　　　　　（b）效果2

图6-7　扩散关系图表样例

4．递进关系图表

递进关系是指几个对象之间呈现层层推进的关系，主要强调先后顺序和递增趋势，包括时间上的先后、水平的提升、数量的增加、质量的变化等。

制作技巧：递进关系的一个明显特征在于先后顺序和量的变化，如何表现层次感是制作的关键。递进关系图表里几个对象的制作方法是相同的，只是在大小、高低、深浅等方面有所差异，如图6-8所示。

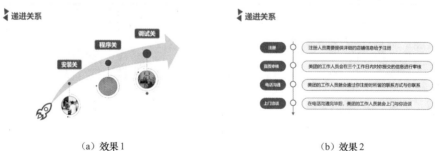

（a）效果1　　　　　　　　　　　　（b）效果2

图6-8　递进关系图表样例

5. 冲突关系图表

冲突关系是指两个及以上的对象在某些问题上的矛盾和对立，冲突的焦点可以是利益、观点、政策等。展示冲突不是目的，预测趋势或寻找解决的方法才是根本所在。

制作技巧：一般情况下，不仅要列出冲突对象，还要列出冲突的焦点、冲突策略、力量对比及解决冲突的方法。制作冲突关系图表时，要充分考虑到以上诸要素的处理方法。一般冲突关系图表里的两个对象都是水平摆放，如图 6-9 所示。为了美观，也可以采用 45° 对角的方式摆放。

(a) 效果 1　　　　　　　　　　　　(b) 效果 2

图6-9　冲突关系图表样例

6. 强调关系图表

强调关系是指在几个并列的对象中更突出强调某一个或数个对象的情况。

制作技巧：强调是通过放大面积、突出颜色、用线条勾选、绘制特殊形状、摆在核心位置等几种形式实现的。强调可分为单重强调、二重强调和多重强调，如图 6-10 所示。

(a) 效果 1　　　　　　　　　　　　(b) 效果 2

图6-10　强调关系图表样例

7. 循环关系图表

循环关系是指几个对象按照一定的顺序循环发展的动态过程，强调对象的循环往复。

制作技巧：循环是一个闭合的过程，通常用箭头表示循环指向，有时候对象本身就是箭头。循环的过程一般较复杂，所以在制作图表时，应尽可能去除无关紧要的元素，把循环的对象凸显出来，并使画面一目了然，如图 6-11 所示。

(a) 效果 1　　　　　　　　　　　　(b) 效果 2

图6-11　循环关系图表样例

8. 组织结构关系图表

树状的组织结构关系图表能把机构设置、管理职责、人员分工等——展示出来，是政府、企业、事业单位最常用的图表之一。

制作技巧：制作组织结构关系图表的最大挑战在于如何把架构的复杂和画面的美观结合起来。

绘制组织结构关系图表的基本的原则是简洁。首先，把无关紧要的内容删除。其次，把不重要的内容淡化。最后，让线条尽可能清晰，如图6-12所示。

图6-12   组织结构关系图表样例

9. 时间线关系图表

在可视化的表达中，时间成为结构化维度。时间线能帮助用户构建稳健而直观的框架，使人们更好地建立事件间的联系。

按照时间线的方式阐述信息已经广泛应用于企业传播、营销的各个领域。从介绍新产品到日常做年报、里程碑事件的PPT，我们可以从中发现时间线的身影。

制作技巧：要玩转时间线，首先需要了解其4个方面的构成元素。

第一，描述时间的轨迹或路径：以何种方式呈现时间线？它的发展轨迹如何？如何体现时间的变化？

第二，点或段的定义：时间线上排布哪些要素？某一个固定的时间节点如何进行展开？

第三，文本或图形的定义：文本和图形放置在什么位置？它们是否需要呈现某种变化关系？

第四，标签和调用的定义：补充说明的标签如何植入？需要调用哪些图文来增强阐释？

常被业界使用的时间线有三维螺旋时间线、交互时间线、棋盘时间线、大数据时间线、关系时间线、甘特时间线、复杂时间线等。在此列举两例，如图6-13所示。

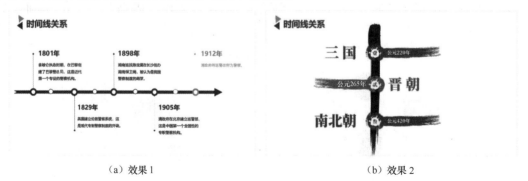

（a）效果1   （b）效果2

图6-13   时间线关系图表样例

10. 综合关系图表

综合关系是指由几个对象推导出同一个对象的关系形态，表示因果、集中、总结等意思。

制作技巧：综合关系的一个明显特征在于中心非常明确，这个中心就是由几个对象最终推导出的那个对象，其颜色最突出、尺寸最大，位置一般处于中心，也有的处于幻灯片右侧。其余几个对象一般都是中心对象的缩放，而且存在并列关系，形状一般相同，颜色或相同或间隔区分，如图 6-14 所示。

 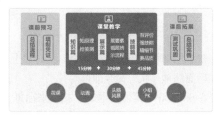

（a）效果 1　　　　　　　　　　　　　　　　　　　（b）效果 2

图6-14　综合关系图表样例

6.2.2　SmartArt 图形的应用

扫码观看微课视频

SmartArt 图形是信息和观点的视觉表示形式，通过不同形式和布局的图形代替枯燥的文字，快速、轻松、有效地传达信息。

1. 插入与编辑 SmartArt 图形

SmartArt 图形在幻灯片中有两种插入方法：一种是直接在"插入"选项卡的"插图"组中单击"SmartArt"按钮；另一种是先用文字占位符或文本框输入文字，再利用转换的方法将文字转换成 SmartArt 图形。

下面以绘制一张循环图为例，介绍如何直接插入 SmartArt 图形。具体操作方法如下。

① 打开需要插入 SmartArt 图形的幻灯片，切换到"插入"选项卡，单击"插图"组中的"SmartArt"按钮，如图 6-15 所示。

② 在弹出的"选择 SmartArt 图形"对话框的左侧列表中选择"循环"选项，在右侧列表框中选择一种图形样式，这里选择"基本循环"图形样式，如图 6-16 所示，完成后单击"确定"按钮，插入后的"基本循环"图形效果如图 6-17 所示。

 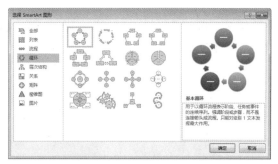

图6-15　"SmartArt"按钮　　　　　　　　图6-16　"选择SmartArt图形"对话框

注意：SmartArt 图形包括了"列表""流程""循环""层次结构""关系""矩阵""棱锥图"等很多分类。

③ 幻灯片中将生成一个结构图，结构图默认由 5 个形状对象组成，可以根据实际需要进行调整，如果要删除形状对象，只需在选中某个形状对象后按下<Delete>键即可，删除一个形状对象后的效果如图 6-18 所示。

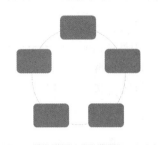

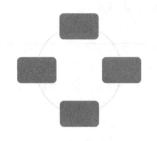

图6-17　插入后的"基本循环"图形效果　　　　　图6-18　删除一个形状对象后的效果

如果要添加形状对象，则在某个形状对象上单击鼠标右键，在弹出的快捷菜单中单击"添加形状"菜单下的"在后面添加形状"命令即可。

设置好 SmartArt 图形的结构后，接下来在每个形状对象中输入相应的文字，最终效果如图 6-19 所示。还可以选择"SmartArt 工具-设计"选项卡，单击"SmartArt 样式"组中的"更改颜色"按钮，选择恰当的颜色方案，效果如图 6-20 所示。

图6-19　插入文本后的效果　　　　　　　图6-20　更改颜色后的效果

2. 将文本转换成 SmartArt 图形

除了先绘制 SmartArt 图形再输入文字的方法外，还可以先整理出文字内容，再将整理好的文字内容转换为 SmartArt 图形。将文本转换为 SmartArt 图形是一种将现有幻灯片转换为工艺设计插图的快速方法，可以从许多内置布局中进行选择，以有效传达演讲者的信息或想法。具体操作方法如下。

① 打开 PowerPoint 2016，创建一个新演示文稿，插入文本框，输入文本内容，选中文本框中的所有文字，如图 6-21 所示。

② 切换到"开始"选项卡，单击"转换为 SmartArt"按钮（或单击鼠标右键，执行"转换为 SmartArt"命令），在下拉菜单中选择所需要的图形，例如选择"连续块状流程"，如图 6-22 所示。

- 粗车
- 半精车
- 精车
- 精细车

图6-21　插入文本后的效果　　　　　　图6-22　转换为SmartArt图形后的效果

可以根据需要对图形进行修改，更改其颜色，还可以修改文字字体、颜色等。

切换至"SmartArt 工具-设计"选项卡，单击"SmartArt 样式"组右下角的"其他"按钮，如图 6-23 所示，在弹出的列表框中单击"三维"组中的第 5 种效果"砖块场景"按钮，SmartArt 图形变化为图 6–24 所示的效果。

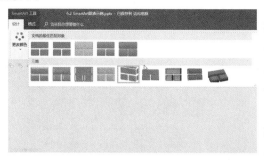

图6-23　SmartArt样式列表

图6-24　设置SmartArt样式后的效果

3. 调整 SmartArt 图形布局

所谓布局就是更改和更换图形，利用"布局"的调整，可以将现有的 SmartArt 图形更改为其他的图形效果。选中刚刚绘制的图形（见图 6–24），切换至"SmartArt 工具–设计"选项卡，在"布局"组中单击右下角的"其他"按钮，选择"子步骤流程"选项，如图 6–25 所示，图形的结构就发生了变化，效果如图 6–26 所示。

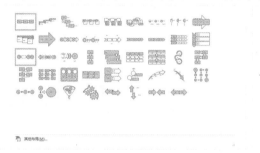

图6-25　调整SmartArt图形布局

图6-26　调整SmartArt图形布局后的效果

制作好一个 SmartArt 图形后，可以根据需要对图形的结构进行调整，包括调整其层次、相对关系等。SmartArt 图形中的每个元素都是一个独立形状的图形，可以根据需要改变其中一个或多个图形的形状。

扫码观看微课视频

6.3　数据型图表

数据型图表侧重于数据的展示和对比，是一种用于展示数据的视觉化工具。运用数据型图表，一方面可以让数据承载的信息变得简洁，另一方面可以通过图表的外观吸引学生关注其背后隐藏的信息。

6.3.1　插入数据型图表

1. 直接创建图表

在 PowerPoint 中直接创建图表，会保存图表的源数据，并且会在编辑时调用 Excel 程序环境进行相关操作，其操作界面和操作方式与 Excel 相同。如图 6–27 所示，单击"插入"选项卡中的"图表"按钮，会弹出"插入图表"对话框，选择需要的图表类型后单击"确定"按钮，将会弹出 Excel 表格，按照要求输入数据，继而完成图表的制作。

2. 从 Excle 中导入图表

在 Excel 中已经编辑好的图表，可以通过复制、粘贴的操作导入 PowerPoint 中。与表格的导入相似，图表也有 5 种粘贴方式，如图 6–28 所示。

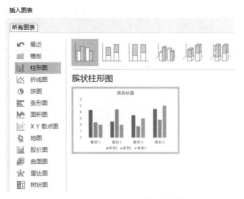

图6-27   "插入图表"对话框

图6-28   图表的5种粘贴方式

从左到右分别是使用目标样式（软件默认）对应图标、保留源格式对应图标、嵌入工作簿对应图标、链接数据对应图标、图片对应图标。

➤ 使用目标样式：粘贴的图表自动套用幻灯片主题中的字体、颜色及设置效果。

➤ 保留源格式：粘贴的图表保留原 Excel 图表中的字体、颜色及设置效果。

➤ 嵌入工作簿：将与粘贴图表关联的 Excel 源工作簿嵌入幻灯片中进行保存，右击图表执行"编辑数据"命令，能在 Execl 环境下打开嵌入的工作簿，编辑其中的数据和修改图表。嵌入的工作簿包含在 PPT 课件中，不依赖外部文件。其缺点是会增大幻灯片的文件大小。

➤ 链接数据：粘贴的图表与原始的 Excel 工作簿仍保留着数据链接关系，执行"编辑数据"命令，可以直接编辑外部的 Excel 工作簿。一旦离开链接的 Excel 工作簿，幻灯片中的图表数据将无法编辑更新。

➤ 图片：把图表转换成图片对象粘贴到幻灯片上，其外观与原来图表一致，但无法进行编排和修改。

6.3.2   图表构成元素

PowerPoint 中的图表由众多元素构成，每个元素都能单独设置格式效果，为用户制作图表提供了相当的灵活性。图 6-29 展示了常见的图表构成元素。

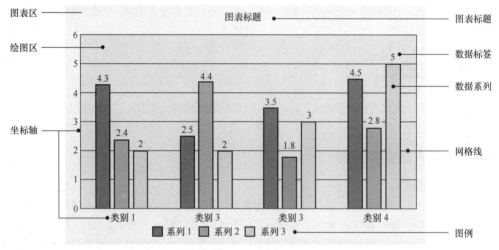

图6-29   图表构成元素

图表区：整个图表的编辑局域，放置了所有图表元素。

绘图区：包含数据系列图形的区域，是形象展示数据的区域。

坐标轴：包括横坐标轴和纵坐标轴。横坐标轴一般反映时间变化或者类别，纵坐标轴一般反映数据的变化。坐标轴上包括刻度线、刻度值。

图表标题：当只有单一系列数据时，PowerPoint 插入的标题默认使用系列名称；当有多个系列数据时，默认不插入标题。无论哪种情况，都建议用户自己修改或设置一个符合主题的标题。

数据标签：随数据系列而显示的数据源的值，在默认情况下不显示。

数据系列：根据数据源绘制的图形，形象地表示数据，是图表的核心部分。

网格线：包括水平网格线和垂直网格线，分别平行于横坐标轴和纵坐标轴。常用的水平网格线可以指示数值的大小。

图例：说明图表中图形代表的数据系列。

6.3.3 数据型图表的类型

数据型图表以图表的方式展示数据的规律、关系或趋势，不同的图表类型能表达不同的数据含义，因此 PPT 课件制作者应根据表达目的和数据的内在规律选择适合的图表类型。下面对最常见的 5 种数据型图表进行讲解。

1. 柱形图

柱形图重点展示数据的大小，根据横坐标轴的不同，可分为两类：一类与时间序列相关，用于展示某个项目在不同时间上数量或趋势的对比；另一类以项目、类别作为横坐标轴，重点展示不同项目、类别之间的差别，如图 6-30 所示。

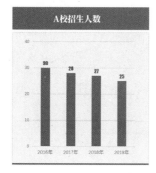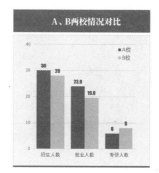

图6-30 柱形图

2. 饼图

饼图适用于展示数据系列之间的差异性，或反映总体构成情况。通常不使用图例，直接在扇区上标记系列名称。一般情况下，可以将需要突出的部分通过颜色凸显出来，还可以通过部分分离、填充颜色或者添加其他特效使重点部分得以突出，如图 6-31 所示。

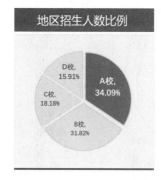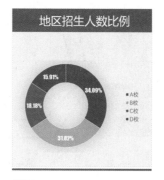

图6-31 饼图

3. 条形图

将柱形图旋转 90° 即得到条形图，如图 6-32 所示。条形图侧重于展示类别之间的数量对比。与柱形图不同，条形图一般不表示数据随时间的变化情况。

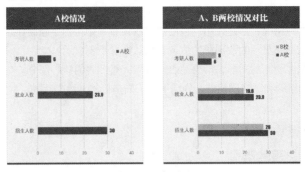

图6-32　条形图

4. 折线图

折线图主要用于展示数据随时间的变化情况。折线图从时间上看是连续的，其时间属性非常明显。通过修改折线的颜色，能同时对比多个系列数据，且不显得凌乱，如图 6-33 所示。

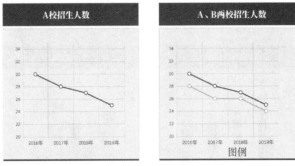

图6-33　折线图

5. 雷达图

雷达图是以从同一点开始的轴上表示的 3 个或更多个定量变量的二维图表的形式显示多变量数据的图形。轴的相对位置和角度通常是无信息的。雷达图也称为网络图、蜘蛛图、星图、蜘蛛网图、不规则多边形、极坐标图或 Kiviat 图。它相当于平行坐标图，轴径向排列，如图 6-34 所示。

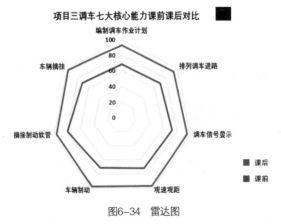

图6-34　雷达图

6.3.4　数据型图表的美化

数据型图表的美化要紧抓两大原则：简化和突出重点。图表展示的重点不在于数据本身，而在于数据背后的含义。只有去除干扰图表阅读的多余信息，才能更有效地呈现核心信息。

下面以一个柱形图为例展示数据型图表的美化过程。原图表如图 6-35（a）所示，背景与图表没有任何联系，表格和图表表达的内容重复，颜色过多。这些干扰因素都导致数据核心信息传达不到位。针对这些问题，可以做出如下修改。

① 修改图表背景。将 PPT 课件的背景改为白色或者灰色等中性色，效果如图 6-35（b）所示。太花哨或者太鲜艳的背景会干扰学生对图表的阅读。

② 删除不必要的表格，去除三维效果。重复的数据容易让人混淆，也占用页面空间，在这里可以删除表格，在图表上添加数据标签。三维效果会大大降低图表的易读性，应尽量少用。修改后的效果如图 6-35（c）所示。

③ 简化网格线和坐标轴。网格线和坐标轴的作用与数据标签重复，只保留一种有效元素即可，简化后的效果如图 6-35（d）所示。

④ 使用一系列相似色作为基础色，使用一种反差较大的颜色作为强调色。例如，用红色强调 D 校的情况统计，而其他学校用有深浅对比的灰色表示，效果如图 6-35（e）所示。

⑤ 设置数据系列格式，美化图表字体。选中并右击数据系列，在弹出的快捷菜单中选择"设置数据系列格式"命令，弹出"设置数据系列格式"窗格，缩小"分类间距"，扩大柱状的宽度。其他类型的数据图表，也有类似的数据系列格式设置。修改完部分图表图形后，逐个选择图表中的文字元素，修改其字体、大小、颜色、对齐方式等，最终效果如图 6-35（f）所示。

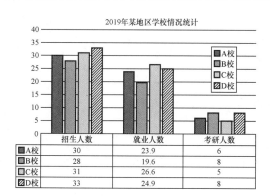

（a）原图表

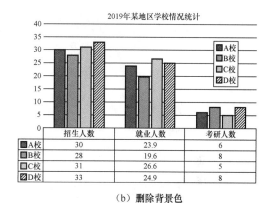

（b）删除背景色

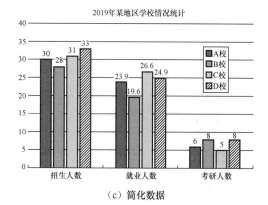

（c）简化数据

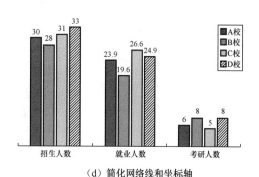

（d）简化网络线和坐标轴

图6-35　数据型图表的美化

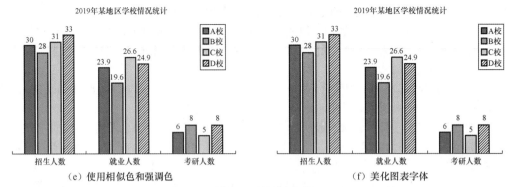

图6-35　数据型图表的美化（续）

修改的图表只展示了数据而没有结论，这样学生很难了解图表背后的信息。因此，建议直接给出图表的结论，让学生明确图表的含义。修改后的幻灯片效果如图6-36所示。

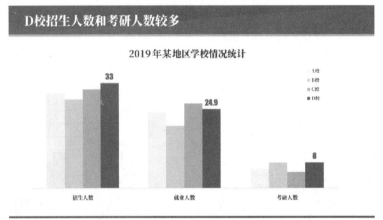

图6-36　结论型数据图表

6.4　图表的应用

6.4.1　案例1：图表目录页的设计

图表目录页设计采用上下结构形式，上侧是半轮盘的设计，下侧绘制图形展示要讲解的5个方面的内容，如图6-37所示。

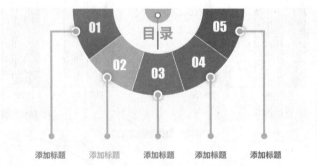

图6-37　图表目录页设计

具体实现过程如下。

① 按下<Enter>键，创建一张幻灯片，执行"插入"→"图表"→"饼图"命令，选择"圆环图"，如图 6-38 所示，按<Enter>键或者双击确定操作，如图 6-39 所示。

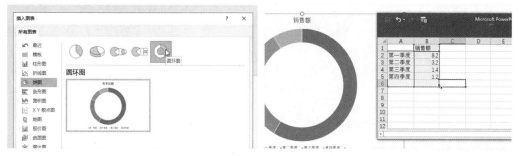

图6-38　插入饼图　　　　　　　　　　　　图6-39　插入饼图后的页面

② 单击圆环，右击执行"编辑数据"命令，拖曳右下角顶点扩大图表数据范围，调整饼图的比例将前 5 个数据统一，第 6 个数据为前 5 个数据之和，如图 6-40 所示。

③ 单击圆环，右击执行"设置数据点格式"命令，设置"第一扇区起始角度"为"90°"，设置"圆环图内径大小"为"52%"，如图 6-41 所示。

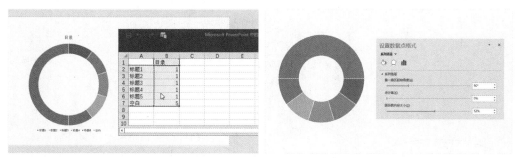

图6-40　调整饼图比例　　　　　　　　　　图6-41　调整圆环角度

④ 插入文本"01"，设置文本字体为"impact"，字号为"40"，颜色为"白色"，再依次输入文本"02""03""04""05"，调整其设置，效果如图 6-42 所示。

⑤ 选中图表，拖曳右下角顶点放大图表，并上移到顶部执行"水平居中"命令，水平中心位置和幻灯片编辑区域顶部重合，执行"插入"→"文本框"→"绘制横排文本框"命令，输入文本"目录"，选中文本，设置文本字体为"黑体"，字号为"44"，颜色为"灰色"，如图 6-43 所示。

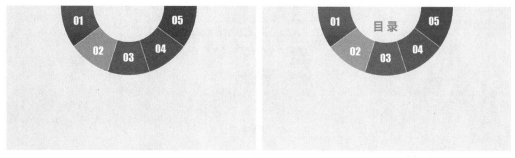

图6-42　编辑与调整文本　　　　　　　　　图6-43　输入"目录"文本

⑥ 指针由多个基础图形拼接而成，如图 6-44 所示，执行"插入"→"形状"→"椭圆"命令，按住<Shift>键插入椭圆。然后分别绘制其余的元素，选择绘制的图形，执行"开始"→"排列"→"对齐"→"水平居

中"命令，最终效果如图 6-45 所示。

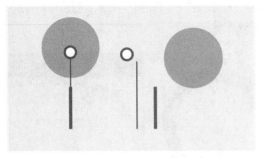

图6-44　图形拼接初始图形　　　　　　　　　　图6-45　插入图形后的效果

⑦ 执行"插入"→"形状"→"直线"命令，按住<Shift>键绘制直线，右击执行"设置形状格式"命令，设置"粗细"为"6磅"，设置"结尾箭头类型"为"圆点"，如图 6-46 所示。

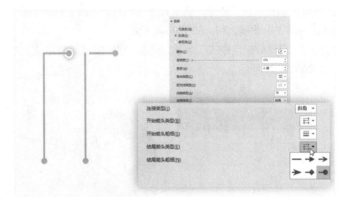

图6-46　插入直线

⑧ 执行"插入"→"形状"→"椭圆"命令，按住<Shift>键绘制椭圆，右击执行"设置形状格式"命令，设置"填充"为"白色"，"效果"为"阴影"，"透明度"为"72%"，"模糊"为"14磅"，参数设置如图 6-47 所示。

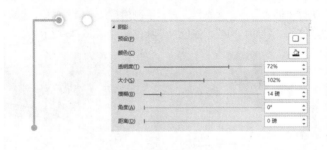

图6-47　调整图形效果

⑨ 依次绘制其他图形，最终效果如图 6-37 所示。

6.4.2　案例2：饼状图表的应用

PPT 课件"工匠之星评选指标"如图 6-48 所示，该 PPT 课件使用了常见的平面饼图，并使用了图例，饼图各部分依靠颜色进行区分。

图6-48　普通饼图

PPT 课件 "PLC 控制电机闯关之旅" 中绘制了图例，并利用饼图-圆环图表示各部分占比，如图 6-49 所示。

图6-49　饼图-圆环图的应用

PPT 课件 "室内设计原理" 中，考核评价使用了饼图-三维饼图表示各部分占比，并将图例直接在饼图上面进行形象直观的显示，效果如图 6-50 所示。

图6-50　饼图-三维饼图的应用

6.4.3　案例 3：柱状图表的应用

1. 单项对比示例

图 6-51 所示为学生的单项成绩分值区间，使用柱状图反映学生成绩分布，可以明显地对比出学生的单项成绩情况，方便教师因材施教，调整教学思路，改善教学策略。

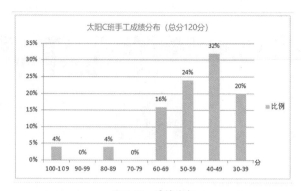

图6-51　成绩分布

2. 双项对比示例

图 6-52 所示为学生在课前课后学习的情况对比，通过图表可以看出，学生在流利度、词汇精准度和自信方面，课后学习效果都优于课前，说明通过课堂的学习，学生的学习效果是稳步提升的。

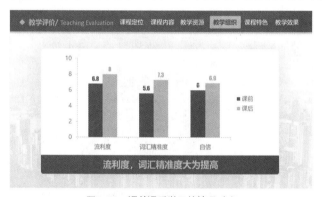

图6-52　课前课后学习的情况对比

6.4.4　案例 4：折线图表的应用

1. 浅色背景折线图

图 6-53 所示的折线图是 2017 级学生和 2015—2016 级学生的学习效果对比，可以看出，2017 级学生学习的总体效果大幅度提升，这也肯定了教师所使用的教学方法。

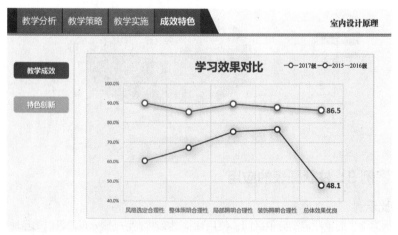

图6-53　学习效果对比

2. 深色背景折线图

图 6-54 所示的折线图表示小组作品得分情况，该折线图通过绘制渐变色块表现趋势，设置线条选项为"平滑线"来增强图表的趣味性，很好地营造出各小组合作学习、你追我赶的学习氛围。

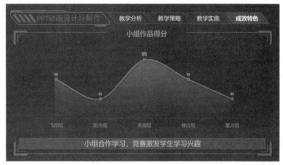

图6-54 折线图

6.5 本章小结

本章对 PPT 课件中的图表进行创意应用，运用表格制作封面与目录，详细讲解了常见的逻辑图表与 SmartArt 图形的应用，展示了数据图表的设计与制作技巧，解决了 PPT 课件中表格制作、文字可视化与数据可视化的问题。

6.6 实践作业

根据作业文件夹中"降低护士 24 小时出入量统计错误发生率.docx"的信息内容，运用 PPT 课件的图表制作技巧与方法，设计制作 PPT 课件。

部分节选如下。

———————————————————————— 文本信息 ————————————————————————

降低护士 24 小时出入量统计错误发生率

2018 年 12 月成立"意扬圈"（见表 6-1），成员人数：8 人，平均年龄：大约 37 岁，辅导员：唐金凤，圈长：沈霖。

表 6-1 "意扬圈"成员信息表

圈内职务	姓名	年龄	资历	学历	职务	主要工作内容
辅导员	唐金凤	52	34	本科	护理部主任	指导
圈长	沈霖	34	16	硕士	护理部副主任	分配任务、安排活动
副圈长	王惠	45	25	本科	妇产科护士长	组织圈员活动
圈员	仓艳红	34	18	本科	骨科护士长	整理资料
	李娟	40	21	本科	血液科护士长、江苏省肿瘤专科护士	幻灯片制作
	罗书引	31	11	本科	神经外科护士长、江苏省神经外科专科护士	整理资料、数据统计
	席卫卫	28	8	本科	泌尿外科护士	采集资料
	杨正侠	37	18	本科	消化内科护士、江苏省消化科专科护士	采集资料

目标值的设定：2019 年 4 月前，24 小时出入量统计错误发生率由 32.50% 下降到 12.00%。

———————————————————————— 结束 ————————————————————————

根据以上内容制作的 PPT 课件的页面效果如图 6-55 所示。

（a）封面 　　　　　　　　　　　　　　（b）成员信息

（c）成员图片 　　　　　　　　　　　　（d）目标值的设定

图6-55　"意扬圈" PPT课件的页面效果

第 7 章

PPT课件中的音频与视频

7.1 常见的音频和视频文件格式

在制作 PPT 课件的过程中，常会遇到一些需要情境渲染、诗词朗诵、音乐鉴赏、原理解析等情况，这时可以为幻灯片添加一些合适的音频和视频。添加的音频和视频，使 PPT 课件变得有声有色，更具感染力。

7.1.1 常见的音频文件格式

PPT 课件中常见的音频文件格式包括 WAV 格式、MP3 格式和 MIDI 格式等。

（1）WAV 格式

WAV 格式是 Microsoft 公司开发的一种音频文件格式，用于保存 Windows 平台的音频信息资源，被 Windows 平台及其应用程序所支持，支持多种音频位数、采样频率和声道，是目前 PC 上广为流行的音频文件格式，几乎所有的音频编辑软件都能识别 WAV 格式。

（2）MP3 格式

MP3 格式诞生于 20 世纪 80 年代的德国，所谓的 MP3 是指 MPEG 标准中的音频部分，也就是 MPEG 音频层。MPEG 音频文件的压缩是一种有损压缩，牺牲了声音文件中 12～16kHz 高音部分的质量来压缩文件的大小。相同时长的音频文件，若用 MP3 格式存储，其大小一般只有 WAV 格式音频文件的 1/10，但音质要次于 CD 格式或 WAV 格式的音频文件。

（3）MIDI 格式

MIDI（Musical Instrument Digital Interface）即音乐数字接口，是 20 世纪 80 年代初为解决电声乐器之间的通信问题而提出的。MIDI 传输的不是声音信号，而是音符、控制参数等指令，MIDI 格式音频文件本身并不包含波形数据，所以 MIDI 格式音频文件非常小，适合作为网页的背景音乐。

7.1.2 常见的视频文件格式

PPT 课件中常见的视频文件格式包括 AVI 格式、MOV 格式、MPEG 格式、WMV 格式、SWF 格式等。

（1）AVI 格式

AVI（Audio Video Interleaved）格式即音频视频交错格式，是 Microsoft 公司开发的一种视频文件格式。所谓音频视频交错，是指可以将音频和视频交织在一起进行同步播放。这种视频文件格式的优点是图像质量好，可以跨平台使用；缺点是体积过于庞大，而且压缩标准不统一，时常会出现因视频编码造成的视频不能播放等问题。用户遇到这些问题，可以通过下载相应的解码器来解决。

（2）MOV 格式

MOV 格式即 QuickTime 影片格式，它是 Apple 公司开发的一种音频、视频文件格式，用于存储常用的数字媒体类型。

（3）MPEG 格式

MPEG（Moving Picture Expert Group）即运动图像专家组，日常生活中用户使用的 VCD、DVD 就是这种格式，今天常用的有 MP4 格式。

（4）WMV 格式

WMV（Windows Media Video）即视窗媒体视频，是 Microsoft 公司推出的一种采用独立编码方式并且可以直接在网上实时观看的视频文件压缩格式。

（5）SWF 格式

SWF（Shock Wave Flash）是 Adobe 公司的动画设计软件 Flash 的专用格式，是一种支持矢量和点阵图形的动画文件格式，被广泛应用于网页设计、动画制作等领域，SWF 文件通常也被称为 Flash 文件。

7.2　音频和视频的编辑与属性设置

扫码观看微课视频

7.2.1　音频和视频属性的基本设置

1. 音频编辑与属性设置

打开 PowerPoint 2016，选中要插入的音频文件，切换至"音频工具–播放"选项卡，界面如图 7-1 所示，用来设置音频的相关属性。

图7-1　"音频工具–播放"选项卡

2. 视频编辑与属性设置

在幻灯片中选中插入的视频，切换至"视频工具–播放"选项卡，其中"视频选项"组中的各选项与"音频选项"组中的各选项作用类似，用户可根据需要设置即可。

打开 PowerPoint 2016，选中要插入的视频文件，切换至"视频工具–格式"选项卡，界面如图 7-2 所示，用来设置视频的相关属性。

图7-2　"视频工具–格式"选项卡

切换至"视频工具–播放"选项卡，界面如图 7-3 所示，用来设置视频的相关播放属性。

图7-3　"视频工具–播放"选项卡

7.2.2　添加和删除书签

1. 音频书签设置

在幻灯片中选中声音图标，切换至"音频工具–播放"选项卡，如图 7-1 所示，在"编辑"组中单击"剪裁音频"按钮。在音频播放时，单击"添加书签"按钮，在当前播放位置添加一个书签，如图 7-4 所示。选择新的播放节点，再次单击"添加书签"按钮，在新的播放位置添加一个新的书签，如图 7-5 所示。

图7-4　添加第一个书签　　　　　　　　　　图7-5　添加第二个书签

注意：书签可以帮助用户在音频播放时快速定位播放位置，按组合键 <Alt+Home>，播放进度将跳转到上一个书签处；按组合键 <Alt+End>，播放进度将跳转到下一个书签处。

在播放进度条上选择书签后，单击"删除书签"按钮删除选择的书签。

2. 视频书签设置

在视频播放时，单击图 7-1 所示的"添加书签"按钮，在当前播放位置添加一个书签，其使用方法与在音频中添加书签一样。选择新的播放节点，再次单击"添加书签"按钮，在新的播放位置添加一个新的书签。

注意：书签可以帮助用户在视频播放时快速定位播放位置，按组合键 <Alt+Home>，播放进度将跳转到上一个书签处；按组合键 <Alt+End>，播放进度将跳转到下一个书签处。

在播放进度条上选择书签后，单击"删除书签"按钮删除选择的书签。

7.2.3　设置音频的隐藏

在幻灯片中选中音频图标，切换至"音频工具–播放"选项卡，如图 7-1 所示，选中"音频选项"组中的"放映时隐藏"复选框，在放映幻灯片的过程中会自动隐藏音频的图标，如图 7-6 所示。

技巧：也可以将音频图标拖出幻灯片窗口实现图标的隐藏。

（a）隐藏前　　　　　　　　　　　　　　（b）隐藏后

图7-6　音频图标隐藏前后对比

7.2.4　音频和视频的剪辑

1. 音频的剪辑

在幻灯片中选中音频图标，切换至"音频工具–播放"选项卡，如图 7-1 所示，在"编辑"组中单击"剪裁音频"按钮打开"剪裁音频"对话框，如图 7-7 所示。拖动左边绿色的"开始时间"滑块和右边红色的"结束时间"滑块，设置音频的开始时间和结束时间，单击"确定"按钮，滑块之间的音频将保留，其余音频将被剪裁掉，如图 7-8 所示。

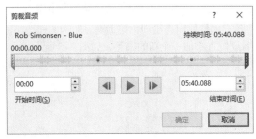

图7-7　"剪裁音频"对话框　　　　　　图7-8　调整音频剪裁的开始时间与结束时间

可以在"开始时间"和"结束时间"微调框中输入时间值来指定音频的剪裁区域。滚动条上的蓝色标记表示当前的播放进度，拖动它或在进度条上单击，可以将播放进度快速定位到指定的位置。

2．视频的剪辑

在幻灯片中选中视频图标，切换至"视频工具–播放"选项卡，如图 7-3 所示，在"编辑"组中单击"剪裁视频"按钮打开"剪裁视频"对话框，如图 7-9 所示。拖动左边绿色的"开始时间"滑块和右边红色的"结束时间"滑块，设置视频的开始时间和结束时间，单击"确定"按钮，滑块之间的视频将保留，其余视频将被裁剪掉，如图 7-10 所示。

这里，可以在"开始时间"和"结束时间"微调框中输入时间值来指定视频的剪裁区域。滚动条上的蓝色标记表示当前的播放进度，拖动它或在进度条上单击，可以将播放进度快速定位到指定的位置。

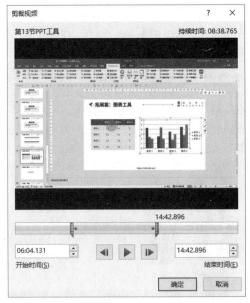

图7-9　"剪裁视频"对话框　　　　　　图7-10　调整视频剪裁的开始时间与结束时间

7.2.5　视频的形状剪辑

在幻灯片中选中视频图标，切换至"视频工具–格式"选项卡，如图 7-11 所示，在"视频样式"组的"视频形状"中选中想要更改的形状，如图 7-12 所示，这样就可以更改视频的形状了。

扫码观看微课视频

图7-11　视频形状

图7-12　更改视频形状效果

7.3　PPT 课件中的音频和视频应用

7.3.1　案例 1：英语 PPT 课件中的音频应用

在英语课堂上，教师经常需要用录音来领读。如图 7-13 所示，教师单击英语 PPT 课件中的音频图标，即可播放对应的英文朗读音。

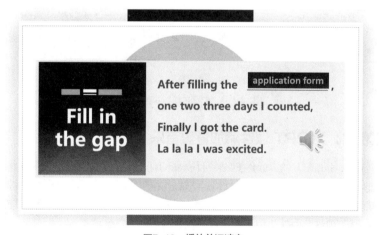

图7-13　播放单词读音

在制作英语 PPT 课件时，可以利用一些词典软件，如金山词霸、有道词典等，用复制的方法快速复制音标；也可以利用录音软件直接录制软件中的读音，然后将其插入 PPT 课件中；还可以利用 PPT 插件来解决这一问题，如 OneKey Lite 插件，在其官网上下载使用，如图 7-14 所示。

图7-14　OneKey Lite插件

选中文本，执行"文档组"→"音频工具"→"朗读工具"命令，如图 7-15 所示。

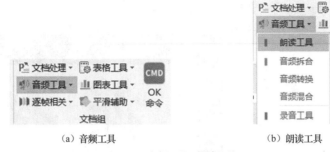

(a) 音频工具　　　　　　　　　　　　　　　(b) 朗读工具

图7-15　音频工具→朗读工具

　　选择合适的语速和音量，选中"导入 PPT"复选框，单击"独立导出"按钮即可，如图 7-16 所示，"合并导出"按钮可将多选文本框的内容合并成一段完整的音频。

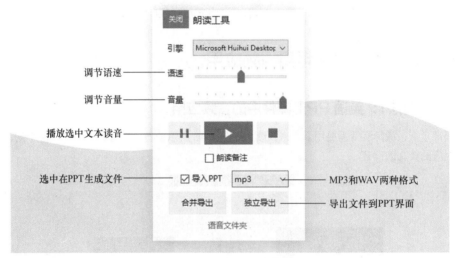

图7-16　"朗读工具"参数设置

7.3.2　案例 2：为 PPT 课件添加背景音乐

　　在默认情况下，插入一张幻灯片的声音会在切换到下一张幻灯片时自动停止播放。如果是将声音作为背景音乐使用，则需要音乐能够一直播放，直到关闭演示文稿。此时，就需要将音乐设置为"跨幻灯片播放"。另外，插入幻灯片中的音乐在默认情况下只能在本幻灯片中播放一次，如果需要音乐一直播放，则应该将其设置为"循环播放"。

　　PPT 课件"探秘酒店预订"中就使用了背景音乐，如图 7-17 所示。

图7-17　添加背景音乐

这个 PPT 课件包括 40 张幻灯片，在第一张幻灯片上插入外部的音频文件，然后选中音频图标，在"音频工具—播放"选项卡的"音频选项"组中选中"放映时隐藏"和"循环播放，直到停止"复选框，然后在"开始"下拉列表中选择"跨幻灯片播放"复选框，如图 7-18 所示。这样设置以后，背景音乐就可以从第一张幻灯片开始一直播放到幻灯片全部播放完。

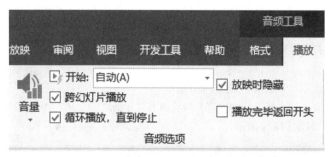

图7-18　音频播放设置

如果要自由控制音频播放的起始幻灯片和终止幻灯片，需要在自定义动画中控制音频的播放，具体操作方法如下。

① 在需要播放音频的起始幻灯片中插入音频文件。根据需要可以选择自动播放或者单击播放。

② 在"动画"选项卡的"高级动画"组中单击"动画窗格"按钮，打开"动画窗格"窗格，单击"声音"选项右侧的箭头按钮，在弹出的菜单中选择"效果选项"命令。

③ 此时将打开"播放音频"对话框，在"停止播放"选项栏中可以设置音频从当前幻灯片起播放多少张幻灯片后停止，如图 7-19 所示。

图7-19　"播放音频"对话框

7.3.3　案例3：录制和使用旁白

PowerPoint 可以为 PPT 课件中指定的某张幻灯片或全部幻灯片添加旁白，使用旁白可以为 PPT 课件的内

容添加解说，能够在放映状态下对某些问题进行额外说明。同时，旁白也能增强基于网络或自动运行的 PPT
课件的放映效果，例如将 PPT 课件保存为视频文件上传到网络上，
为了获得较好的教学效果，同时使 PPT 课件更加生动，旁白就是必
需的。PowerPoint 2016 提供了录制幻灯片演示功能，该功能除了能
够记录演示的时间外，还可以记录演示时的标注和旁白。

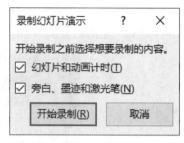

图7-20　"录制幻灯片演示"对话框

在"幻灯片放映"选项卡的"设置"组中单击"录制幻灯片演
示"的下三角按钮，在打开的列表中选择录制的方式为"从头开始
录制"。

打开"录制幻灯片演示"对话框，如图 7-20 所示。

在其中选中相应的复选框选择录制的内容，然后单击"开始录
制"按钮即可，录制窗口如图 7-21 所示。

图7-21　录制窗口

这里要注意，如果要录制旁白，必须使用话筒。录制成功后在幻灯片上将会显示音频图标，通过音频图
标可以对旁白进行预览或重新录制。

7.3.4　案例 4：微课课件中音频和视频模板的应用

1. 视频全屏播放

视频在微课课件里面全屏播放的效果更加震撼，图 7-22 所示为视频在微课中全屏播放的案例。

图7-22　视频全屏播放

2. 放置样机

视频可以放在计算机或者手机等模型里面播放，给视频加一个"边框"会给人一种代入感，如图 7-23 所示。

图7-23　放置样机

3. 添加情境

为视频添加情境，不仅可以烘托气氛，还能为视频添加额外的信息。如图 7-24 所示，背景图片和左侧的闲鱼 App 可以营造出二手购物的情境。

图7-24　在情境中播放视频

4. 默认视频样式

在视频格式选项卡中默认存在着一些视频样式，单击某个视频样式可以直接设置视频效果，如图 7-25 所示，视频样式分为 3 类，即细微、中等和强烈。

图7-25　默认视频样式

图 7-26 使用了"强烈"里面的"画布，白色"样式，该样式让画面更加立体形象。用户也可以右击视频，选择"设置视频格式"命令，在打开的"设置视频格式"窗格中进行亮度、对比度的调节。

图7-26 "画布，白色"样式

7.4 本章小结

本章对 PPT 课件中常见的音频和视频格式进行了介绍，对音频和视频进行了编辑和属性设置的介绍，并对 PPT 课件中的音频和视频的实际应用进行了展示，更好地解决了 PPT 课件中音频与视频使用的问题。

7.5 实践作业

专用汽车制造有限公司的李经理将在某汽车展览会上介绍公司的新产品——联合吸污车，现在他需要做一份"联合吸污车产品介绍"的 PPT 课件。

本案例属于企业宣传类 PPT 课件，主要目的是展示企业形象与推介产品，此类 PPT 课件填补了静态宣传画册与动态企业宣传视频的空档，实现了动静结合的宣传效果。

专用汽车制造有限公司是一家专业服务城市管理与美化的企业，企业文化宣传环保绿色，为了彰显企业文化特点，该设计以绿色为主色调，黄色等其他颜色为辅助颜色，整个设计以简洁为主。针对本案例特征，企业宣传 PPT 框架采用说明式或罗列式，语言文字需要准确无误、简短精练。

最终完成的 PPT 课件效果如图 7-27 所示。

（a）效果 1   （b）效果 2

图7-27 专用汽车制造有限公司PPT课件效果

（c）效果 3　　　　　　　　　　　　（d）效果 4

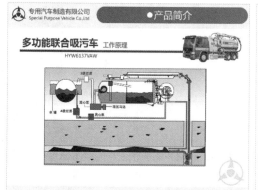

（e）效果 5　　　　　　　　　　　　（f）效果 6

图7-27　专用汽车制造有限公司PPT课件效果（续）

第 **8** 章

PPT课件中的动画技术

8.1 PPT 课件中的动画

扫码观看微课视频

8.1.1 动画的原理

动画是利用人的"视觉暂留"特性连续播放的一系列画面，如图 8-1 所示。它的基本原理与电影、电视一样，都是视觉原理。

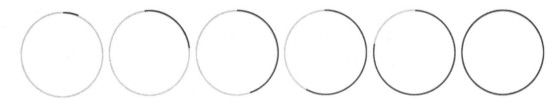

图8-1 连续画面

"视觉暂留"特性是指人的眼睛看到一幅画或一个物体后，在 1/24 秒内不会消失。利用这一原理，在一个画面还没有消失前播放下一个画面，就会给人造成一种流畅的视觉变化效果。

8.1.2 动画的作用

人类对运动与变化具有天生的敏感性。不管变化多么微小，人们都会强烈地捕捉到它。而动画则是一系列连续运动变化的画面，准确运用动画可以达到以下效果。

➤ 抓住学生的视觉焦点。例如，通过放大、变色、闪烁等方法突出关键词；也可以利用内容的逐条出现引导学生跟随演示者的进度、厘清演示者的思路。

➤ 显示各个页面的层次关系。例如，通过页面之间的过渡区分页面的层次。

➤ 帮助内容视觉化。动画可以表示动作、关系、方向、进程与变化、序列及强调等含义。相对于文字、图示、图表或者图片等静态内容，动画无疑更加简洁、直观、生动，它能够对事物的原理进行最大限度的还原，帮助学生理解事物的本来面貌。

现在各学校越来越重视多媒体辅助教学，兴建了校园网络和多媒体教室，利用独特的动画来提升课堂教学质量已然成为最受欢迎的教学方式之一。PPT 课件中动画的制作，不仅能够吸引学生的注意力，还能极大地调动学生的学习兴趣。

动画具有以下作用。

1. 提高 PPT 课件的通用性、可教性、易用性

在动画制作的过程中，有的教师会考虑将 PPT 课件设计成几个版本，同时会在 PPT 课件中附带一个知识库，将教学内容的各个知识点都放在知识库中。这样其他课程组的教师就可以根据自己的教学风格，选择适合自己的版本，同时也可以从知识库中提取自己要用的内容。而动画的运用能起到优化课堂教学结构、提高课堂教学效率的作用，既有利于教师教学，又有利于学生学习。

2. 使教学内容和形式新颖别致且富有特色

动画要引起学生上课的兴趣和注意力，在内容和形式上就必须具有特色。从教学内容上来说，PPT 课件不应该只是课本知识的翻版，还必须能提供读者感兴趣的知识，除了课本的知识外，教师要在 PPT 课件中扩展新的内容。PPT 课件在教学内容和形式上都要新颖别致且富有特色。

8.1.3　动画的标准

合格的动画必须达到以下标准。

1. 符合基本的动画规律

（1）自然

动画的效果不能让读者产生"刻意制作"的感觉，要该动则动、该静则静、该进则进、该退则退、该快则快、该慢则慢、该直则直、该转则转。动画效果必须让人感到舒服、符合人的经验和直觉。例如，细长的直线或者矩形使用擦除动画出现符合人的一般经验与浏览习惯，圆形的对象使用轮子动画进入也符合人的一般经验。当然，若动画速度不合适，也会给人造成不自然的感觉。

（2）连贯

动作之间、场景之间、元素之间、内容之间要有衔接，避免跳跃的、中断的、停顿的和莫名其妙的动画。

（3）动人

动画要以美动人、以情动人、以景动人，或者以神动人。让每个动作都抓人眼球、扣人心弦。

2. 符合基本的审美规律

（1）美观

每个动作都要有其个性和适用领域。淡入淡出动画要像水一样温柔，飞入飞出动画要像风一样迅疾，伸展层叠动画要像鸟一样可爱，放大缩小动画要像雷一样震撼……正是这些或快或慢、或强或弱、或大或小、或先或后、或显或隐、或长或短、或正或反等不同动画之间的相互协调、配合、补充，构成了一幅幅精美的画卷，让学生能够陶醉于视觉享受之中。把握每个动画的特性，根据情境和内容进行组合，是做好动画的前提。

（2）创意

创意在动画设计中至关重要。用动画实现类似 Flash、3D 的动画效果，人们一定会拍手称赞，这是动画的第一个创意点。其第二个创意点在于：PPT 课件展示的主要是思想和观点，强调逻辑、数据、提炼，如何把枯燥、呆板、抽象的文字、图片等信息转化为形象、生动、具体、条理清晰、逻辑严密的画面，是动画的最大挑战也是其最大优势。没有创意的动画，会像白开水一样平淡无味；有了创意，动画才有味道。

（3）精致

专业和业余的最大区别是什么？细节！一个好的动画的核心也在于细节。整体的动画框架可能谁都能模仿，但细节往往被忽视，也难以模仿，细微之处的功力更能彰显其专业性。

3. 符合 PPT 课件的应用场景规律

读者不同，动画效果不同：一般来说，年轻人喜欢紧凑一些的动画，中年人喜欢沉稳一些的动画；男性喜欢帅气的动画，女性喜欢温柔的动画；东方人喜欢复杂一些的动画，西方人喜欢简洁一些的动画……不同

的教育背景、工作经历、性格特点等都会使人对动画的喜好有所差异。

行业不同，动画效果不同：政府类 PPT 课件，讲究简洁、大气；科技类 PPT 课件，讲究动感、炫丽；商务类 PPT 课件，讲究庄重、严谨；工业类 PPT 课件，讲究干脆、有冲击力；文化类 PPT 课件，讲究个性、厚重；教育类 PPT，讲究规范、严谨、连贯、有逻辑等。

主题不同，动画效果不同：企业宣传类 PPT 课件，追求快节奏、炫动作、精美的动画；工作汇报类 PPT 课件，追求简洁、创意和连贯的动画；咨询报告类 PPT 课件，追求简洁、清晰、有冲击力的动画；个人娱乐类 PPT 课件，追求个性、张扬、出神入化的动画；培训类 PPT 课件，追求简单、形象、一目了然的动画等。

种类不同，动画效果不同：开场动画要扣人心弦，强调动画要引人注目，逻辑动画要环环相扣，形象动画要衬托主题，结尾动画要让人回味无穷。

4. 符合 PPT 课件表现的内容

动画对内容的表现力越强，动画效果就越成功。主要体现在以下两个方面。

第一，要看得清晰。重点内容动画明显停留时间长，甚至用一些动画进行特别强调；次要内容用稍弱的动画效果，停留时间较短，甚至一闪而过；修饰性动画若隐若现，避免干扰画面。

第二，要演得准确。每个动画都有一定的内涵，时间不同、方向不同、速度不同、显著与否所带来的感受都是不同的。同时出现的动画往往代表了并列关系，先后出现的动画往往代表了因果关系；由一到多的动画体现了扩散关系，由多到一的动画体现了综合关系；相向进入的动画体现了聚合或冲突，相反退出的动画体现了分裂或脱离；大面积淡入淡出的动画体现的是重点内容，小面积飞入飞出的动画体现的是次要内容……选择最合适的动画，而不是选择最炫的动画。

扫码观看微课视频

8.1.4 动画的分类

在 PowerPoint 2016 中，动画主要分为进入动画、强调动画、退出动画和动作路径动画 4 类。此外，还包括幻灯片切换动画。运用这些动画，用户可以方便地对幻灯片中的文本、图形、表格等对象添加不同的动画效果。

进入动画：进入动画是对象从"无"到"有"地进入。在触发动画之前，被设置为进入动画的对象是不出现的，在触发动画之后，对象以何种方式出现，这就是进入动画要解决的问题。例如，为对象设置"进入"动画组中的"擦除"动画，可以实现对象从某一方向一点点出现的效果。进入动画一般都是使用绿色图标标识。

强调动画：强调动画强调对象从"有"到"有"地进入，前面的"有"是对象的初始状态，后面的"有"是对象的变化状态。这两个状态上的变化，起到了突出强调对象的目的。例如，为对象设置"强调"动画组中的"放大/缩小"动画，可以实现对象从小到大（或从大到小）的变化过程，从而产生强调的效果。强调动画一般都是使用黄色图标标识。

退出动画：退出动画与进入动画正好相反，它可以使对象从"有"到"无"。触发后的动画效果与进入动画正好相反，对象在没有触发动画之前，出现在屏幕上；而当其被触发后，则从屏幕上以某种设定的效果消失。例如，为对象设置"退出"动画组中的"切出"动画，则对象在触发后会逐渐地从屏幕上某处切出，从而消失在屏幕上。进入动画一般都是使用红色图标标识。

动作路径动画：动作路径动画就是对象沿着某条路径运动的动画，在 PPT 课件中也可以制作出同样的效果，就是将对象设置成"动作路径"动画。例如，为对象设置"动作路径"动画组中的"向右"动画，则对象在触发后会沿着设定的方向线移动。

8.1.5　动画的基本设置

1. 添加进入动画

进入动画可以设置文本或其他对象以多种动画效果进入放映屏幕。在添加该动画之前需要选中对象。对于占位符或文本框来说，选中占位符或文本框，以及进入其文本编辑状态时，都可以为它们添加该动画。

选中图 8-2 中的第一幅图片后，打开"动画"选项卡，选择"飞入"动画，然后"动画"选项卡中的"预览"按钮就由灰色变成了蓝色，单击"预览"按钮就可以进行预览了。

与此同时，图 8-3 中的"效果选项"按钮也由灰色变成了蓝色，单击"效果选项"下拉按钮就可以看到进入动画的其他选项，如图 8-4 所示。

图8-2　选择对象

图8-3　"动画"选项卡

单击"动画"组中的"其他"按钮 ，弹出动画列表，如图 8-5 所示，如果选择"进入"动画组中的"轮子"动画，则原来的动画就被替换成该动画。

图8-4　动画的"效果选项"

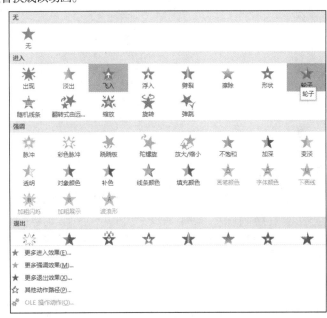

图8-5　动画列表

选择图 8-5 中"更多进入效果"命令，将打开"更改进入效果"对话框，在该对话框中可以选择更多的动画进入效果，如图 8-6 所示。"更改进入效果"对话框的动画进入效果按风格分为基本型、细微型、温和型、华丽型。选中对话框最下方的"预览效果"复选框，则在对话框中单击任意一种动画进入效果时，都能在幻灯片编辑窗口中看到该动画进入效果的预览效果。

更改动画进入效果完成后，如果想对图 8-2 中的后两幅图片也使用"轮子"动画，可以通过"动画刷"的功能实现。选择刚刚添加完动画的图片，浏览"动画"选项卡中的"高级动画"组，双击"动画刷"按钮，如

图 8-7 所示。然后依次单击后两幅图片，这样后两幅图片也就复制了第一幅图片动画。

图8-6　"更改进入效果"对话框

图8-7　"高级动画"组的"动画刷"按钮

单击图 8-7 中的"动画窗格"按钮，会弹出"动画窗格"窗格，如图 8-8 所示。运用"动画窗格"窗格，可以浏览"播放"动画，控制动画的播放顺序，调整动画的持续时长。

图8-8　"动画窗格"窗格

2. 添加强调动画

强调动画是为了突出幻灯片中的某部分内容而设置的特殊动画。添加强调动画的过程和添加进入动画的过程基本相同，选择对象后，在"动画"选项卡中单击"其他"按钮，在弹出的"强调"动画组（见图 8-5）中选择一种强调动画，如选择"波浪形"动画，即可为对象添加该动画，文本对象如图 8-9 所示，文本动画预览效果如图 8-10 所示。

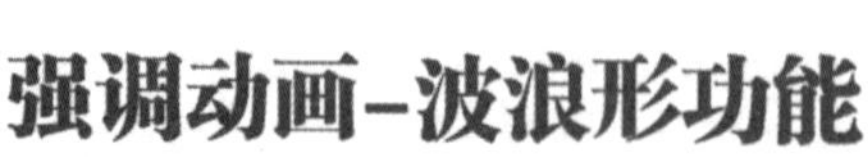

强调动画-波浪形功能　　　　强调动画-波浪形功能

图8-9　准备添加强调动画的文本对象 　　　　图8-10　"波浪形"动画

选择"更多强调效果"命令，将打开"更改强调效果"对话框，在该对话框中可以选择更多的强调动画，如图 8-11 所示，如选择"补色 2"强调动画，效果如图 8-12 所示。

图8-11　"更改强调效果"对话框

图8-12　给文字对象更改动画的效果

3. 添加退出动画

退出动画是为了设置幻灯片中的对象退出屏幕的效果。添加退出动画的过程和添加进入、强调动画基本相同。选择对象后，在"动画"选项卡中单击"其他"按钮，在弹出的"退出"动画组（见图 8-5）中选择一种退出动画，例如选择"擦除"动画，即可为对象添加该动画；如果双击"动画刷"按钮，然后依次单击其他对象，这样其他对象也就复制了该对象的动画。

选择"更多退出效果"命令，将打开"更改退出效果"对话框，在该对话框中可以选择更多的退出动画，如图 8-13 所示。

（a）退出动画 1

（b）退出动画 2

图8-13　"更改退出效果"对话框

4. 添加动作路径动画

动作路径动画又称路径动画，可以指定文本等对象沿预定的路径运动。PowerPoint 2016 中的动作路径动画不仅提供了大量预设路径动画，还可以由用户自定义路径动画。添加动作路径动画的步骤与添加进入动画的步骤基本相同。选择对象后，在"动画"选项卡中单击"其他"按钮，在弹出的"动作路径"动画组（见图 8-5）中选择一种动作路径动画，例如选择"循环"动作路径动画，即可为对象添加该动画，添加完成后的界面，如图 8-14 所示。若选择"其他动作路径"命令，将打开"更改动作路径"对话框，可以选择其他的动作路径动画，如图 8-15 所示。

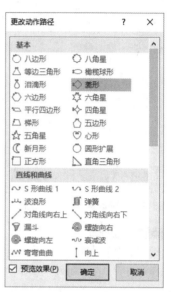

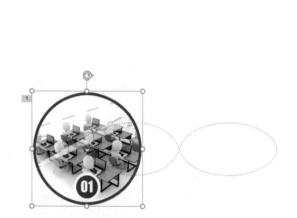

图8-14 添加"循环"动作路径动画   图8-15 "更改动作路径"对话框

8.1.6 动画的操控方法

选择设置动画的对象，在"动画窗格"窗格中，选择一个动画，单击右边的下拉箭头按钮，弹出下拉菜单，界面如图 8-16 所示。界面中的"持续时间"是指动画开始至结束的时间，通常可理解为动画的快慢。"延迟"表示经过几秒后播放动画。单击"计时"组中的"开始"按钮▶，会弹出相应的下拉菜单，如图 8-17所示。

图8-16 动画的下拉菜单   图8-17 动画开始播放的列表框

图 8-17 所示的选项与图 8-16 所示的选项十分相似，基本是一一对应的，只不过表述不同而已，图 8-16所示的菜单非常重要，每一项命令都必须完全掌握。

单击开始：只有在多单击一次鼠标之后该动画才会出现。例如，想要让两个对象逐一按顺序显示，单击一次出现一个，再单击一次再出现一个，那么两个动画都应该选择"单击开始"命令。

从上一项开始：该动画会和上一个动画同时开始。例如，把第一个对象设置为"单击开始"，第二个对象设置为"从上一项开始"，那么单击一次之后，两个对象的动画会同时进行。

从上一项之后开始：上一动画执行完之后该动画就会自动执行。对于两个对象，如果第二个对象选择了这个命令，那么只须单击一次，两个对象的动画就会先后逐一进行。

效果选项：选择该命令会打开"效果"选项卡。在这里，可以对动画的属性进行调整。对于不同的动画，此选项卡的内容会有些差别。"飞入"动画的"效果"选项卡如图 8-18 所示。

➢ 平滑开始：该动画的速度将会从零开始，直到匀加速到一定速度。如果此选项设定为 0 秒，则动画将一开始就以最大速度进行。

➢ 平滑结束：与"平滑开始"类似。该动画从一定速度逐渐减速到零。如果此选项设定为 0 秒，则动画在结束之前不会降低。

➢ 弹跳结束：该动画将在多次反弹后结束，就像乒乓球落地一样，反弹幅度的大小取决于反弹结束的时间。

➢ 声音：允许对每一个动画添加一个伴随声音。

➢ 动画播放后：可以选择让对象执行动画后变为其他颜色。

➢ 动画文本：当对象为文本框时，规定该对象中的所有文本是作为一个整体执行动画还是以单词或者字符为基本单元先后执行动画。

计时：选择该命令会打开"计时"选项卡，本选项卡可以对动画执行的时间进行详细设置，比如动画的触发方式、动画执行前延迟的时间、动画的执行时长、动画的重复次数，以及指定动画的触发器，如图 8-19 所示。

图8-18　"效果"选项卡

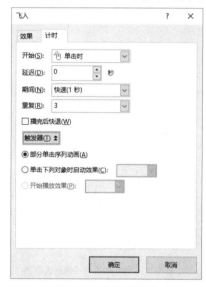

图8-19　"计时"选项卡

➢ 期间（动画执行时长）：该项可以任意设定，并可以精确到 0.01 秒。

➢ 重复：重复次数也可以任意设定，可以设置为"无"，也可以设置"直到下一次单击"或者"直到幻灯片末尾"。

➢ 播完后快退：该复选框可以让对象执行完动画后回到执行前状态。

➢ 触发器：触发器可以设置动画的触发方式，给动画添加触发器，即只有鼠标单击某个设定的对象，动画才出现。

隐藏高级日程表：选择该命令可将"动画窗格"窗格里显示的高级日程表隐藏，再次右击动画选择"显示高级日程表"命令可显示高级日程表。

删除：选择该命令可将当前动画删除。

8.1.7　常用动画的特点分析

读者浏览动画时，更多倾向于选择自然又干脆的动画，然后根据动画的需求选择温和或者醒目的动画效果。通常来讲，动画越符合平时的经验就越自然，动画的运动路径越简短就越干脆，由大到小的动画比由小到大的动画更吸引人。

1. 进入动画

➢ 出现动画。出现动画就是让对象瞬间出现。它的效果简单基础，对象出现时不会喧宾夺主，当多个对象出现时，可以使用鼠标逐个触发，也可以通过延迟来控制节奏。

➢ 缩放动画。缩放动画让对象看起来是由小到大或由远到近地出现，"效果选项"的界面如图 8-20 所示，这种出现方式符合人们的经验与直觉，给人自然舒服的感觉。对多个对象使用缩放顺序出现时，适当的叠加时间轴会给人行云流水的感觉。缩放动画只适用于显示一些小的对象，当对象过大时，时间过短就会显示不自然，时间过长就会拖沓。

➢ 基本缩放动画。基本缩放动画有多重"效果选项"，其效果可以由小变大，也可以由大变小，如图 8-21 所示。如果设置缩小效果则显得更自然、干脆、醒目，这时就会产生一种盖章的效果，从大到小，产生从屏幕外飞进来的感觉。

图8-20　缩放动画的"效果选项"　　　　图8-21　基本缩放动画的"效果选项"

➢ 淡出动画。淡出是让对象渐隐或者缓现。与出现动画相似，淡出动画同样是温和又不吸引人注意的。可以设定淡出动画的执行时长，在连续多个对象出现时，它允许时间轴重叠，而且整体效果自然温和。

➢ 擦除动画。擦除动画就像使用黑板擦去擦除黑板的痕迹一样，对动画线条擦除会让它看起来是慢慢生长的。擦除动画符合人们的经验与直觉，给人的感觉是自然而又流畅的。擦除动作仅能沿着直线向某一方向进行，对于封闭的图形来说，例如圆圈，比较适合轮子动画。

➢ 切入动画。切入动画融入了擦除动画与飞入动画的特征，但相比飞入动画，切入动画的运动距离很短，显得很干脆利落。

➢ 浮入动画。浮入动画给人的感觉与切入动画很相似，它结合了飞入动画和淡出动画的特点，看起来比较干脆、自然。

➢ 飞入动画。飞入动画是让对象从页面外直线运动到当前的位置。在停止运动之前，对象一般会运动很长时间，运动一段比较长的距离，给人的感觉稍有拖沓，因此，一般情况下不极力推荐使用飞入动画。

　　➢ 轮子动画。轮子动画是以对象中心为圆心，按照扇形擦除对象，适用于出现封闭或者半封闭的曲线。轮子动画的擦除效果只能从 12 点钟方向开始顺时针进行，不能直接指定擦除方向与起始角度。

　　注意：擦除角度的变化可以通过与强调动画中的陀螺旋动画结合来实现，具体方法是，首先旋转对象，将其擦除的起始位置与 12 点钟方向对齐，并记录旋转角度；然后为动画添加进入动画的轮子动画和强调动画的陀螺旋动画，两个动画同时进行；最后将陀螺旋动画的执行时间修改为时间的最小值（0.01 秒），目的就是让陀螺旋动画解决轮子动画的起始点与位置，角度设定为刚刚记录的角度，旋转方向与之前的操作相反即可。采用同样的方法，将擦除动画与陀螺旋动画整合可以修改擦除动画的擦除方向。

2. 退出动画

　　退出动画的数量与进入动画的数量基本相同，每一种进入动画都有一种退出动画与之对应，即退出动画就是进入动画效果的倒行。大多数退出动画可以给人自然、干脆与温和的感觉。

3. 强调动画

　　强调动画可以让对象的某种特征（如大小、颜色、边框、透明度、旋转角度等）发生一段时间或长久性的改变，对象在执行强调动画前后是一直存在的。强调动画不一定适合直接用于强调某个对象，因为大部分强调动画的变化都比较细微，难以带来显著的吸引力。强调动画能让对象任意发生旋转、放大、变色、透明，同时不影响对象的进入与退出，因此与其他动画叠加会得到多种多样的动画效果。常用的强调动画有以下几种。

　　➢ 陀螺旋动画。陀螺旋动画是 PPT 课件中唯一能够设定旋转角度和旋转方向的动画，它是绕着对象的中心旋转的。要想改变其旋转的中心点，可以通过在新的中心点对称的位置复制一个完全一样的透明对象，然后将这两个对象组合为一个元素即可。同样也可以更改进入动画中缩放动画的中心，或修改强调动画中放大/缩小动画的缩放中心。

　　➢ 放大/缩小动画。放大/缩小动画是 PPT 课件中唯一能够任意设置对象的放大与缩小倍数的动画，而且还可以设定水平、垂直或者在两个方向上放大或者缩小。需要注意的是，在对象放大时容易产生锯齿，为了避免锯齿的产生，首先需要将对象设置为放大或者缩小后的尺寸，而后执行缩小动画，最后通过放大动画恢复到起始大小即可。

　　➢ 透明动画。透明动画是能够任意设定对象透明度的动画。对象的透明动画在执行后默认保持透明度直到幻灯片播放结束，但用户可以任意设定透明持续的时间，并在时间结束后恢复至动画执行前的状态。

　　➢ 对象颜色动画/字体颜色动画。这两种动画能够分别将对象的填充色、对象的线条色及文本的颜色改变为任意颜色。动画执行后，其颜色不会恢复原貌。

　　➢ 脉冲动画。脉冲动画结合了放大/缩小和透明两种强调动画的特点，效果表现为首先对象尺寸稍微放大的同时变得透明，而后反向进行直到恢复原貌。脉冲动画看起来自然、简单，非常适合在几个并列的对象之间强调某个对象时使用。

　　➢ 闪烁动画。进入、退出和强调动画中都有闪烁动画，其中进入动画的闪烁动画是让对象出现后经历执行时间而消失；退出动画的闪烁动画是让对象在前一半执行时间内消失，在后一半时间内出现并停留，最后消失；强调动画的闪烁动画与退出动画的类似，只是执行时间过后对象不消失。使用闪烁动画能够解决PPT 课件中逐帧动画的循环问题。

4. 动作路径动画

　　动作路径动画能够让对象按照任意路径运动：路径可以按照直线、曲线、各种形状或者任意绘制，除非叠加了其他动画，否则对象在动作路径动画中不会发生旋转、缩放等变化。

　　除了直线动画，动作路径动画中用的最多的是自定义路径动画。自定义路径动画的使用与 PPT 课件中绘制任意多边形的方法类似，动作路径动画中"效果选项"的界面如图 8-22 所示。

　　➢ 编辑顶点。编辑顶点可以对路径进行调整。路径顶点编辑的方法与自定义图形工具的边框编辑方式类似，鼠标放在需要编辑的顶点上，右击看到的快捷菜单如图 8-23 所示。

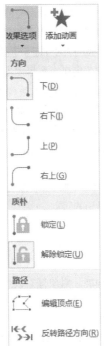

图8-22　动作路径动画中"效果选项"的界面　　　　　图8-23　"角部顶点"选项

➢ 路径的锁定与解除锁定。锁定后的路径就像被钉在页面上一样，即使拖动对象，路径的位置也不会改变。

➢ 反转路径方向。对象按路径的反方向运动。

PowerPoint 2016 具有路径预览功能，能方便进行动画路径的调整。

8.1.8　动画的切换效果

动画的切换效果是指在放映幻灯片时，一张幻灯片从屏幕上消失，另一张幻灯片显示在屏幕上的一种动画效果。一般为对象添加动画后，可以通过"切换"选项卡来设置幻灯片的切换方式。

1．设置动画的切换效果

在默认情况下，幻灯片之间是没有动画效果的。PowerPoint 2016 提供了 40 多种内置的切换效果，单击"切换"选项卡下"切换到此幻灯片"组中的"其他"按钮，即可出现切换效果，如图 8-24 所示。

图8-24　切换效果

PowerPoint 2016 中的切换效果分为细微、华丽、动态内容 3 类。

设置 PPT 动画切换效果的具体操作方法如下。

① 打开"2018 年度中国汽车权威数据发布.pptx"演示文稿，选择第 1 张幻灯片，在"切换"选项卡下的"切换到此幻灯片"组中单击"其他"按钮。

② 在弹出的列表中选择"动态内容"分组中的"传送带"效果。当为第 1 张幻灯片添加切换效果后，在左侧的幻灯片导航列表中，该幻灯片会多出一个如图 8-25 所示的标志"★"，采用同样的方法可以依次设置其他页面的切换效果。

（a）设置前　　　　　　　　　　　　　　　　（b）设置后

图8-25　设置切换动画效果幻灯片缩略图的变化

使用同样的方法为其他幻灯片设置切换效果。单击第 1 张幻灯片，按<F5>键放映幻灯片即可观看效果。

2. 编辑切换声音和速度

PowerPoint 2016 除了可以提供方便快捷的切换效果外，还可以为所选的切换效果配置音效和改变切换速度，以增强演示文稿的活泼性。编辑切换声音和速度都是在"切换'选项卡的'计时"组中进行的，下面分别进行介绍。

PowerPoint 2016 中默认的切换动画效果都是无声的，需要手动添加所需声音。其方法为：选择需要编辑的幻灯片，然后选择"切换'选项卡的'计时"组，在"声音"下拉列表中选择相应的选项（例如：爆炸），即可改变幻灯片的切换声音。

编辑切换速度的方法为：选择需要编辑的幻灯片，然后选择"切换'选项卡的'计时"组，在"持续时间"数值框中输入具体的持续时间，或直接单击数值框中的微调按钮，即可改变幻灯片的切换速度。

此外，如果不想将切换声音设置为系统自带的声音，可以在"音频"下拉列表中选择"PC 上的音频"选项，打开"插入音频"对话框，通过该对话框可以将计算机中保存的音频文件应用到幻灯片切换动画中。

3. 设置幻灯片切换方式

设置幻灯片切换方式也是在"切换"选项卡中进行的，其操作方法为：选择需要进行设置的幻灯片，然后选择"切换'选项卡的'计时"组，在"换片方式"栏中有"单击鼠标时"和"设置自动换片时间"两个复选框，选中它们中的任意一个或同时选中均可完成对幻灯片换片方式的设置。在"设置自动换片时间"复选框右侧有一个数值框，在其中可以输入具体数值，表示在经过指定秒数后自动移至下一张幻灯片。

注意：若在"换片方式"栏中同时选中"单击鼠标时"复选框和"设置自动换片时间"复选框，则表示满足两者中任意一个条件时，都可以切换到下一张幻灯片并进行放映。

为幻灯片设置持续时间的目的是控制幻灯片的切换速度，以便查看幻灯片内容。

打开"切换"选项卡，在"计时"组的"换片方式"栏中，选中"单击鼠标时"复选框，表示在播放幻灯片时，需要在幻灯片中单击鼠标左键来换片；而取消选中该复选框，选中"设置自动换片时间"复选框，表示在播放幻灯片时，经过所设置的时间后会自动切换至下一张幻灯片，无须单击鼠标。另外，PowerPoint 2016 还允许同时为幻灯片设置单击鼠标来切换幻灯片和输入具体值来定义幻灯片切换的延迟时间这两种换片方式。

扫码观看微课视频

8.1.9　动画的衔接、叠加与组合

动画的使用讲究自然、连贯，所以需要恰当地运用动画，要使动画看起来自然、简洁，使动画整体效果赏心悦目，就必须掌握动画的衔接、叠加与组合。

1. 动画的衔接

动画的衔接是指在一个动画执行完成后紧接着执行其他动画，即选择"从上一项之后开始"命令。衔接动画可以是同一个对象的不同动画，也可以是不同对象的多个动画。

2. 动画的叠加

对动画进行叠加，就是让一个对象同时执行多个动画，即选择"从上一项开始"命令。叠加可以是一个对象的不同动画，也可以是不同对象的多个动画。几个动画进行叠加之后，效果会变得不同。

动画的叠加是富有创造性的过程，它能够衍生出全新的动画类型。两种非常简单的动画进行叠加后产生的效果可能会不可思议。例如：动作路径+陀螺旋、动作路径+淡出、动作路径+擦除、淡出+缩放、缩放+陀螺旋等。

3. 动画的组合

组合动画让画面变得更加丰富，是让简单的动画由量变到质变的手段。一个对象如果使用翻转动画，看起来会非常普通，但是二十几个对象同时做翻转效果就不同了。

组合动画的调节通常需要对动画的时间、延迟进行精心的调整，另外需要充分利用动作的重复，否则就会事倍功半。

8.2　PPT 课件中简单动画的应用

8.2.1　案例 1：文本的"按字母"动画设计

打开 PowerPoint 2016，输入文本"动画设计技巧"，选中文本框，如图 8-26 所示。切换至"动画"选项卡，单击"其他"按钮，展开动画列表，选择"更多进入效果"命令，弹出"更改进入效果"对话框，选择"基本缩放"动画，如图 8-27 所示。

图8-26　选中文本框　　　　　　　　图8-27　设置"基本缩放"进入动画效果

在"动画"选项卡的"高级动画"组中单击"动画窗格"按钮，在"动画窗格"窗格中能显示文本动画的细节，右击该动画设置，在弹出的快捷菜单中选择"效果选项"命令，如图 8-28 所示，弹出"基本缩放"对话框，单击"效果"选项卡，设置"缩放"为"从屏幕底部缩小"，设置"动画文本"为"按字母"，设置界面如图 8-29 所示。

图8-28　用鼠标右键选择"效果选项"命令

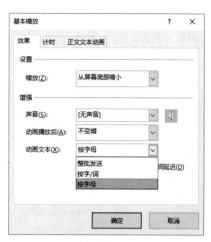

图8-29　"基本缩放"对话框的"效果"选项卡

在图 8-29 中，选择"计时"选项卡，将"期间"设置为"中速（2 秒）"，如图 8-30 所示，然后单击"确定"按钮，即可实现按字母方式由屏幕底部向上逐渐放大至设置字体。按<F5>键，可以预览动画效果。

另外，在图 8-29 中"效果"选项的"缩放"设置包括"切入""从屏幕中心放大""轻微放大""切出""从屏幕底部缩小""轻微缩小"等效果，如图 8-31 所示。"动画文本"包括"整批发送""按字/词""按字母"等效果，如图 8-29 所示。

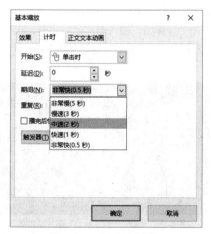

图8-30　"计时"选项卡

图8-31　"缩放"的其他选项

在制作文本动画时，还可以设置"飞入"动画的"平滑结束"与"弹跳结束"等效果，具体操作方法如下。

① 输入文本"飞入动画设计技巧"，选择文本框，切换至"动画"选项卡，单击"其他"按钮，展开动画列表，选择"飞入"动画。

② 打开"动画窗格"窗格，在对应的动画中单击鼠标右键，在弹出的快捷菜单中选择"效果选项"命令。在弹出的"飞入"对话框中进行各项设置，将"方向"设置为"自顶部"，"平滑结束"设置为"1 秒"，"动画文本"设置为"按字母"，如图 8-32 所示。

③ 单击"计时"选项卡，设置"期间"为"中速（2 秒）"，如图 8-33 所示。这样就完成了文本按照字母方式"飞入"的效果。

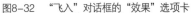
图8-32 "飞入"对话框的"效果"选项卡

图8-33 "飞入"对话框的"计时"选项卡

④ 如果想设置文本动画的"弹跳结束"效果，只需要修改图 8-32 中的"弹跳结束"选项为"0.3 秒"即可，当然根据实际情况可以调整时间。

8.2.2 案例 2：动画的重复与自动翻转效果

下面通过一个实例学习一下如何设置动画的"重复"与"自动翻转"效果。

① 打开 PowerPoint 2016，执行"插入"→"图片"命令，弹出"插入图片"对话框，选择素材文件夹下的"镜头.jpg"图片，单击"插入"按钮，完成图片的插入操作，调整其位置后如图 8-34 所示。用同样的方法插入"光线.png"图片，效果如图 8-35 所示。

图8-34 插入"镜头.jpg"图片后的效果

图8-35 插入"光线.png"图片后的效果

② 选择刚刚插入的"光线.png"图片，切换至"动画"选项卡，单击"其他"按钮，在动画列表中选择"动作路径"下的"形状"动画，如图 8-36 所示，调整形状为圆形，效果如图 8-37 所示。

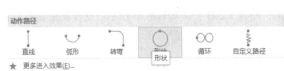
图8-36 "形状"动画

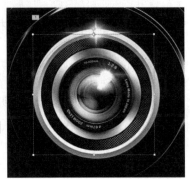
图8-37 调整形状为圆形

③ 单击"动画窗格"按钮，打开"动画窗格"窗格，右击该动画，弹出快捷菜单，执行"效果选项"命令，在"效果"选项卡中选中"自动翻转"复选框，如图 8-38 所示。切换至"计时"选项卡，设置"重复"为"3"次，如图 8-39 所示。

注意：重复次数可以根据需要进行调整，可以设置为无、具体次数、直到下一次单击、直到幻灯片末尾等。

图8-38　调整动画为"自动翻转"

图8-39　设置"重复"次数

8.2.3　案例 3：单个对象的组合动画

要想让 PPT 课件中的动画效果更具冲击力，需要掌握动画的各种组合效果。

1.　"淡出"和"陀螺旋"的组合

"淡出"是一个进入动画，"陀螺旋"是一个强调动画。本例主要介绍在图片元素淡出的同时执行"陀螺旋"的动画效果。

① 打开 PowerPoint 2016，执行"插入"→"图片"命令，弹出"插入图片"对话框，选择素材文件夹下的"镜头.jpg"图片，单击"插入"按钮，完成图片的插入操作。

② 选择图片，执行"动画"→"淡出"命令，打开"淡出"的效果设置对话框，单击"计时"选项卡将"开始"设置为"与上一动画同时"，"期间"设置为"快速（1 秒）"，如图 8-40 所示。

③ 再次选择图片，单击"动画"选项卡中的"添加动画"下拉按钮，添加强调动画"陀螺旋"，打开"陀螺旋"的效果设置对话框，单击"计时"选项卡将"开始"设置为"与上一动画同时"，"期间"设置为"快速（1 秒）"，如图 8-41 所示。

图8-40　设置"淡出"动画的计时选项

图8-41　设置"陀螺旋"动画的计时选项

2. "淡出""飞入"和"陀螺旋"的组合

再次选择图片，单击"动画"选项卡中的"添加动画"下拉按钮，添加进入动画"飞入"，打开"飞入"的效果设置对话框，将"方向"设置为"自底部"。单击"计时"选项卡，将"开始"设置为"与上一动画同时"，"期间"设置为"快速（1秒）"，如图8-42所示。

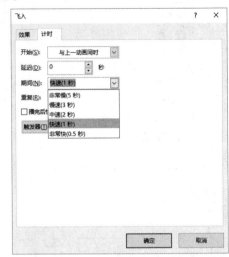

（a）设置"方向"为"自底部"　　　　（b）计时设置

图8-42　设置飞入动画效果

3. "淡出""缩放"和"陀螺旋"的组合

再次选择图片，单击"动画"选项卡中的"添加动画"下拉按钮，添加进入动画"缩放"，打开"缩放"的效果设置对话框，将"消失点"设置为"对象中心"。单击"计时"选项卡，将"开始"设置为"与上一动画同时"，"期间"设置为"快速（1秒）"，如图8-43所示。

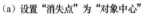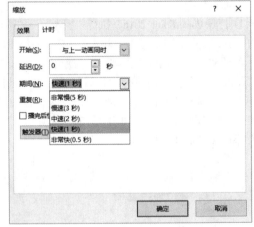

（a）设置"消失点"为"对象中心"　　　　（b）计时设置

图8-43　设置缩放动画效果

8.2.4　案例4：多个对象的组合动画

如图8-44所示，案例中有4幅图片与文本，将其组合后为4个对象，可以使4个模块一个一个地推送显示，第2个模块的动画主要在第1个模块的动画结束之前出现，这样几个模块之间就会自然连贯。

图8-44 多个对象的动画效果

动画路经自左向右连续推进，会产生自然的协调感。其具体制作方法如下。

① 选择第 1 个模块，单击"动画"选项卡中的"其他"按钮，展开动画列表，选择"更多进入效果"命令，弹出"更改进入效果"对话框，选择"升起"动画。

② 打开"升起"的效果设置对话框，单击"计时"选项卡，将"开始"设置为"与上一动画同时"，"期间"设置为"快速（1秒）"。

③ 双击"动画刷"按钮，然后依次单击后面的 3 个模块，这样 4 个模块的动画效果就一致了，此时的"动画窗格"窗格如图 8-45 所示。

④ 在图 8-45 中，选择"组合 14"，设置其延迟时间为 0.50 秒；选择"组合 15"，设置其延迟时间为 1.00 秒；选择"组合 16"，设置其延迟时间为 1.50 秒；此时的"动画窗格"窗格如图 8-46 所示。

图8-45 统一4个模块的动画效果后的"动画窗格"窗格

图8-46 设置3个模块延迟时间后的"动画窗格"窗格

此时，播放幻灯片，可以浏览依次出现的效果，如图 8-47 所示。由于依次延迟的时间差为 0.50 秒，所以，每两个模块之间没有交错的组合感，如果将图 8-46 中的时间延迟差都缩小到 0.25 秒，即选择"组合 14"，设置其延迟时间为 0.25 秒；选择"组合 15"，设置其延迟时间为 0.50 秒；选择"组合 16"，设置其延迟时间为 0.75 秒；此时 4 个模块的动画效果将更好，如图 8-48 所示。

图8-47 延迟时间差为0.50秒时的动画效果

图8-48 延迟时间差为0.25秒时的动画效果

如果将第 1、第 3 模块的文字背景色设置为蓝色，而第 2、第 4 模块的文字背景色设置为绿色；同时设置飞入效果，第 1、第 3 模块自底部飞入，第 2、第 4 模块自顶部飞入；设置延迟时间差为 0.25 秒也可以体验组合效果。

8.2.5 案例 5：PPT 课件切换中的无缝连接

为了维持 PPT 课件的连续性与逻辑完整性，最好让读者感觉不到页面的切换效果，让所有的页面演示时形成一个连续的画面感。

通常的处理方式有两种。第一种方式是借助推进效果实现，请浏览素材文件夹中的"微课：PHP 的发展历史.pptx"，页面如图 8-49 所示。

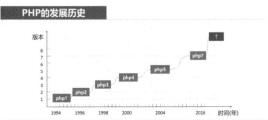

(a) 封面   (b) 页面 1

(c) 页面 2   (d) 封底

图8-49 "微课：PHP的发展历史.pptx"页面

选择 4 个页面，设置切换方式为"推进"，效果选项为"自右侧"。整体效果如图 8-50 所示。

图8-50 借助推进效果实现页面间的无缝连接

第二种方式是借助连续两个页面中的共同元素作为连接，请浏览素材文件夹中的"案例：共有元素.pptx"，如图 8-51 所示。

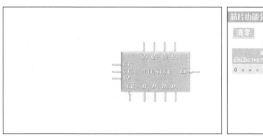
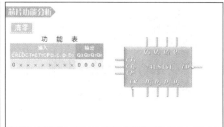

（a）页面 1　　　　　　　　　　　　（b）页面 2

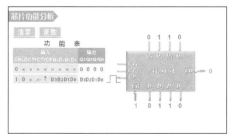
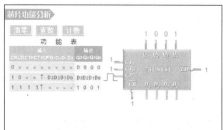

（b）页面 3　　　　　　　　　　　　（b）页面 4

图8-51　借助连续两个页面中的共同元素实现页面的无缝连接

8.3　手机滑屏动画的实现

扫码观看微课视频

8.3.1　案例介绍与展示

　　PowerPoint 2016 中动画效果的高级设置功能包括设置动画触发器、使用动画刷复制动画、设置动画计时选项、重新排序动画等。使用这些功能，可以使整个演示文稿更加美观，使幻灯片中的各个动画的前后顺序更加合理。

　　下面通过一个手机滑屏的动画来演示动画制作中的高级应用，效果如图 8-52 所示。

（a）手机状态 1　　　　　　　　　　　（b）手出现

图8-52　手机滑屏效果

（c）滑屏

（d）结束手消失

图8-52　手机滑屏效果（续）

动画设计思路如下。

图片滑动动画：背景是一幅手机图片，在手机上放置两幅图片，设置上面的图片动画为自右向左的擦除动画。

手滑屏的动画："手"的动画有三段，第一段"手"自底部飞出，第二段"手"自右侧滑向左侧，第三段"手"向下运动，同时消失。

8.3.2　图片滑动动画的实现

本 PPT 课件主要实现图片滑动动画，需要完成动画衔接、叠加与组合等。

手机滑屏动画是图片的擦除动画与"手"的滑动动画的组合效果。可以先实现图片的滑动效果，然后制作"手"的整个运动动画，具体操作步骤如下。

① 启动 PowerPoint 2016，新建一个演示文稿文档，命名为"手机滑屏动画i.pptx"，右键设置渐变色作为背景。

② 执行"插入"→"图片"命令，弹出"插入图片"对话框，依次选择素材文件夹下的"手机.png""葡萄与葡萄酒.jpg"两幅图片，单击"插入"按钮，完成图片的插入操作，调整其位置后的效果如图 8-53 所示。

葡萄与葡萄酒

手机

图8-53　图片的位置与效果示例1

③ 继续执行"插入"→"图片"命令，弹出"插入图片"对话框，选择素材文件夹下的"葡萄酒.jpg"图片，单击"插入"按钮，完成图片的插入操作，调整其位置，使其完全放置在"葡萄.jpg"图片的上方，效果如图 8-54 所示。

④ 选择上方的图片"葡萄酒.jpg"，然后执行"动画"→"擦除"命令，如图 8-55 所示。设置其动画的"效果选项"为"自右侧"，同时修改动画的开始方式为"与上一动画同时"，延迟时间为 0.75 秒。可以单击"预览"按钮预览动画效果，也可以执行"幻灯片放映"→"从当前幻灯片开始"命令预览动画。

图8-54　图片的位置与效果示例2

图8-55　执行"动画"→"擦除"命令

8.3.3　手滑动动画的实现

① 执行"插入"→"图片"命令，弹出"插入图片"对话框，选择素材文件夹下的图片"手.png"，单击"插入"按钮，完成图片的插入操作，调整其位置后的效果如图 8-56 所示。

图8-56　插入手的图片

② 选择"手"的图片，执行"动画"→"飞入"命令，实现"手"的进入动画自底部飞入。但需要注意的是，单击"预览"按钮预览动画效果，会发现"葡萄酒"的擦除动画执行后，需要单击鼠标，"手"才能自屏幕下方出现，显然这两个动画的衔接是不合理的。

③ 单击"动画窗格"按钮，弹出"动画窗格"窗格，如图 8-57 所示。在"动画"选项卡的"计时"组中，设置"手"的动画的开始方式为"与上一动画同时"，然后在图 8-57 中选择"图片 1"（"手"图片）将其拖动到"图片 4"（"葡萄酒"图片）的上方；最后选择"图片 4"（"葡萄酒"图片）的动画，设置其开始方式为"上一动画之后"，调整后的"动画窗格"窗格如图 8-58 所示。

图8-57　调整前的"动画窗格"窗格

图8-58　调整后的"动画窗格"窗格

④ 选择"手"图片，执行"动画"→"添加动画"→"其他动作路径"命令，弹出"添加动作路径"对话框，选择"直线与曲线"下的"向左"选项，设置动画后的效果如图 8-59 所示，其中，右侧箭头表示动画的起始位置，左侧箭头表示动画的结束位置。由于动画结束的位置比较靠近画面中间，所以使用鼠标选择左侧箭头向左移动调整位置，如图 8-60 所示。

图8-59 调整前的路径动画的起始与结束位置　　　图8-60 调整后的路径动画的起始与结束位置

注意：当同一对象有多个动画效果时，需要执行"添加动画"命令。

⑤ 选择"手"图片的"动作路径"动画，设置开始方式为"与上一动画同时"，设置动画的持续时间为 0.75 秒，如图 8-61 所示，"动画窗格"窗格如图 8-62 所示。此时，单击"预览"按钮可以预览动画效果。

图8-61 动画的"计时"设置　　　图8-62 调整后的"动画窗格"窗格

注意：手的横向运动与图片的擦除动画就是两个对象的组合动画。

⑥ 选择"手"图片，执行"动画"→"添加动画"→"飞出"命令，设置"飞出"动画的开始方式为"上一动画之后"；继续执行"动画"→"添加动画"→"淡出"命令，设置"淡出"动画的开始方式为"与上一动画同时"。此时"动画窗格"窗格如图 8-63 所示。单击"预览"按钮，可以预览动画效果，如图 8-64 所示。这样，通过动画叠加的方式，就实现了"手"图片一边飞出一边淡出的效果。

图8-63 整体的"动画窗格"窗格　　　图8-64 动画效果

8.3.4　滑屏动画的前后衔接控制

动画的衔接控制也就是动画的时间控制，通常有两种方式。

第一种：通过"单击时""与上一动画同时""上一动画之后"来控制。

第二种：通过"计时"组中的"延迟"时间来控制，所有动画的开始方式都为"与上一动画同时"，通过"延迟"时间来控制动画的播放时间。

第一种动画的衔接控制方式在后期的动画调整时不是很方便，尤其是在添加或者删除元素时；而第二种方式相对比较灵活，建议学生使用第二种方式。

具体的操作方式如下。

① 在"动画窗格"窗格中选择所有动画效果，设置开始方式为"与上一动画同时"，如图 8-65 所示。

② 由于"图片 4"（"葡萄酒"图片）的擦除动画与"图片 1"（"手"图片）的向左移动动画是同时的，所以选择图 8-65 中的第 2、第 3 两个动画，设置其延迟时间都为 0.50 秒，"动画窗格"窗格如图 8-66 所示。

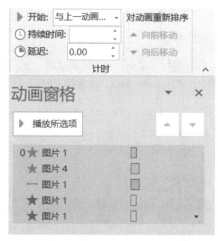

图8-65　设置所有动画的开始方式都为"与上一动画同时"

图8-66　设置时间延迟后的"动画窗格"窗格

③ 由于"手"动画最后的效果为边消失边飞出，所以两者的延迟时间也是相同的，由于"手"动画的出现过程为 0.50 秒，滑动过程为 0.75 秒，所以"手"动画消失的延迟时间为 1.25 秒。设置其"延迟"时间都为 1.25 秒。

8.3.5　其他几幅图片的滑屏动画制作

① 选择"葡萄酒"与"手"两幅图片，按组合键<Ctrl+C>复制这两幅图片，然后按组合键<Ctrl+V>粘贴两幅图片，将这两幅图片与原来的两幅图片对齐。

② 选择刚刚复制的"葡萄酒"图片，然后右击，执行"更改图片"命令，选择素材文件夹中的图片"红酒葡萄酒.jpg"，打开"动画窗格"窗格，分别设置"手"图片与"红酒葡萄酒"图片的延迟时间。

③ 采用同样的方法再次复制图片，使用素材文件夹中的图片"红酒.jpg"，最后调整不同动画的延迟时间即可。

8.3.6　动画触发器设置

继续使用"手机滑屏效果.pptx"，在图片上绘制一个圆角矩形，将其填充为深灰色，再次绘制一个直角三角形，填充为白色。调整两者的位置，将两者选择并右击，执行"组合"菜单下的"组合"命令，效果如图 8-67 所示。

图8-67   绘制播放图标后的整体效果

选中幻灯片中除了刚刚绘制的播放图标外的所有对象，然后执行"动画"→"高级动画"→"触发"命令，此时会弹出下拉列表框，选择"单击"→"组合 15"命令，如图 8-68 所示。设置触发器后"动画窗格"窗格中就多了"触发器：组合 15"，如图 8-69 所示。

图8-68   设置动画的触发方式

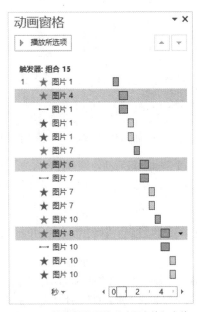

图8-69   设置触发后的"动画窗格"窗格

按<F5>快捷键，预览动画后，动画不播放；只有单击刚刚绘制的播放图标，动画才开始播放。

8.3.7   动画控制时选择窗口的应用

继续打开"手机滑屏效果.pptx"，当需要调整图片的位置或动画时，可以使用 PowerPoint 2016 中的"选择"窗格，选择"红酒"图片，执行"动画"→"编辑"→"选择"→"选择窗格"命令，弹出"选择"窗格，效果如图 8-70 所示。

图8-70　"选择"窗格

在"选择"窗格中可以通过单击"全部隐藏"或"全部显示"按钮来实现对象的显示与隐藏，也可以单击某个对象后面的"眼睛"图标来实现隐藏和显示。例如，单击图 8-70 中的"图片 8"（"红酒"图片）后方的"眼睛"图标后，"图片 8"（"红酒"图片）就会隐藏，此时就会显示其下方的图片，此时的"选择"窗格如图 8-71 所示。

图8-71　隐藏"图片8"后的"选择"窗格

同时，在"选择"窗格中可以实现快速选择对象，可以配合按<Ctrl>键来实现不连续选择，如图 8-72 所示。选择其中一个对象，可以通过单击"向上"箭头◻按钮，或者通过单击"向下"箭头◻按钮来控制元素的上下关系，当然也可以通过直接拖动来改变图层关系，如图 8-73 所示。

图8-72　选择多个对象　　　　　　　图8-73　拖动调整对象的图层关系

8.4　PPT 课件片头动画的制作

8.4.1　案例介绍与展示

本案例主要采用音频、图片、动画来制作 PPT 课件的片头，片头主要用来展示 PPT 课件开发单位信息，作品效果如图 8-74 所示。

图8-74　片头效果展示

8.4.2　片头策划与设计

片头以富有科技感的蓝色为背景，PPT 课件页面尺寸大小为 1280mm×720mm，片长与音乐长度为 4~5 秒，背景音乐要有冲击力。

动画的设计思路如下。

① 单位 Logo 从屏幕上方落入背景中。

② 白色星光围绕 Logo 旋转一圈，闭合后，星光闪烁放大，然后消失。

③ 蓝色单位名称文本从屏幕中央向下进入预期位置。

④ 蓝色英文名称文本从下方向上进入预期位置。

⑤ 整个过程伴随背景音乐文件，伴随背景音乐。

设计思路如图 8-75 所示。

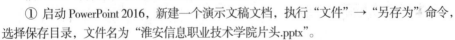

图8-75　片头设计思路示意图

8.4.3　PPT 课件背景与图像元素的入场

扫码观看微课视频

插入 PPT 课件背景与图像元素的操作步骤如下。

① 启动 PowerPoint 2016，新建一个演示文稿文档，执行"文件"→"另存为"命令，选择保存目录，文件名为"淮安信息职业技术学院片头.pptx"。

② 执行"插入"→"图片"命令，插入素材文件夹中的"蓝色.jpg"背景图片，调整其大小与位置，如图 8-76 所示。

③ 用同样的方法插入素材文件夹中的"logo.png""校名蓝色.png""英文蓝色.png""星光.png"图片，

调整其大小与位置，如图 8-77 所示。

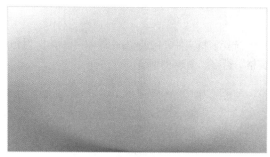

图8-76　插入背景图片效果展示

图8-77　插入相关图片效果展示

8.4.4　图像元素的动画制作

下面介绍图像动画制作的操作步骤。

① 选择图片"logo"，执行"动画"→"飞入"命令，选择"效果选项"下的"自顶部"，这样就可以实现 Logo 动画的顶部飞入，设置"持续时间"为 0.75 秒，将默认的开始方式由"单击时"修改为"与上一动画同时"，如图 8-78 所示。

② 选择图片"星光"，执行"动画"→"淡出"命令，将默认的开始方式由"单击时"修改为"与上一动画同时"。

③ 选择图片"星光"，执行"动画"→"动作路径"→"圆形"命令，调整圆形路径的大小，将默认的开始方式由"单击时"修改为"与上一动画同时"。调整后的效果如图 8-79 所示。

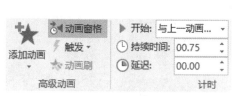

图8-78　设置动画的计时效果

图8-79　设置星光的路径动画

④ 选择图片"星光"，执行"动画"→"其他"→"放大/缩小"命令，选择"效果选项"下的"巨大"效果，设置延迟时间为 2.00 秒，如图 8-80 所示。

⑤ 选择图片"星光"，执行"动画"→"其他"→"淡化"命令，实现星光的消失，将默认的开始方式由"单击时"修改为"与上一动画同时"，设置延迟时间为 2.25 秒，如图 8-81 所示。

⑥ 选择图片"校名蓝色"，执行"动画"→"其他"→"更多进入效果"→"切入"命令，选择"效果选项"下的"自顶部"，将默认的开始方式由"单击时"修改为"与上一动画同时"，设置延迟时间为 3.25 秒。

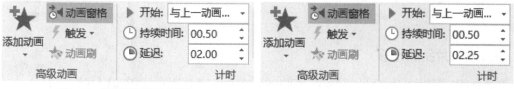

图8-80　设置缩放的延迟时间　　　　　　图8-81　设置淡化的延迟时间

⑦ 选择图片"英文蓝色"，执行"动画"→"其他"→"更多进入效果"→"切入"命令，选择"效果选项"下的"自底部"，将默认的开始方式由"单击时"修改为"与上一动画同时"，设置延迟时间为 3.25 秒。

8.4.5　背景音乐的插入与设置

下面介绍背景音乐的插入与播放设置方法。

① 执行"插入"→"音频"→"PC 上的音频"命令，选择素材文件夹中的"music.wav"，单击"打开"按钮，音频插入完成，如图 8-82 所示，此时的"动画窗格"窗格如图 8-83 所示。

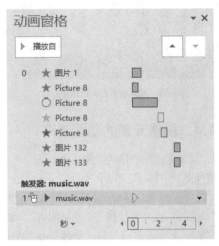

图8-82　插入音频后的效果　　　　　　　图8-83　插入音频后的"动画窗格"窗格

② 单击隐藏图标，调整其位置到蓝色背景图片之外，单击菜单栏中音频工具"播放"，如图 8-84 所示。

③ 在选项卡中的音频选项区单击"开始"，设置为"自动"。在"动画窗格"窗格中调整"music.wav"的位置到顶端，如图 8-85 所示。

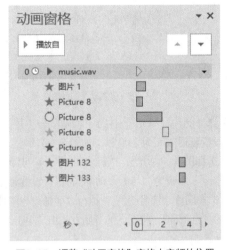

图8-84　调整音频的位置　　　　　　　图8-85　调整"动画窗格"窗格中音频的位置

8.4.6　片头的迁移

在这个 PPT 课件片头的基础上再制作一个其他单位的片头，完成新项目的知识迁移与应用。

操作步骤如下。

① 准备与项目对应的 Logo 标识图片、背景图片、单位名称图片、英文名称图片，准备背景音频资源。

② 选择"蓝色.jpg"图片，右击，执行"更改图片"命令，如图 8-86 所示，选择所需的图片"绿色背

（略）

景 2.jpg"，更改图片后的效果如图 8-87 所示。

图8-86　执行"更改图片"命令　　　　图8-87　更改图片"绿色背景2.jpg"后的效果

③ 用同样的方法，更改"logo.jpg""单位名称.png""单位名英文.png"图片后的效果如图 8-88 所示。

④ 执行"文件"→"另存为"命令，弹出"另存为"对话框，设置"保存类型"为"Windows Media 视频（*.wmv）"，即可输出所需视频。

⑤ 可以修改不同的背景图片，修改背景音乐，制作不同风格的片头效果，如图 8-89 所示。

图8-88　更改图片后的片头动画效果　　　　图8-89　更换风格后的片头动画效果

再次修改背景图片与颜色，使用类似的方法可以制作类似的片头，动画效果如图 8-90 所示，请参考"拓展：片头动画的制作.pptx"文件。

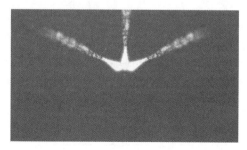

（a）动画界面 1　　　　　　　　　　（b）动画界面 2

图8-90　片头动画效果

（c）动画界面3　　　　　　　　　　　（d）动画界面4

（e）动画界面5　　　　　　　　　　　（f）动画界面6

图8-90　片头动画效果（续）

8.5　"汽车保险赔不赔" PPT 课件制作

扫码观看微课视频

8.5.1　案例介绍与展示

刘老师讲授"汽车理赔"课程，她想利用搜集的视频和图片素材开发一个小的微课，目前她需要将这些资料做成一份课堂教学 PPT 课件。希望通过问题导入、知识讲授及案例分析，让学生深刻理解并运用汽车保险理赔知识。

本案例属于教学类 PPT 课件，其主要目的是帮助学生更好地融入课堂，运用 PPT 课件，将抽象的概念具象化，运用多媒体技术将枯燥的讲授形象生动化。

教学类 PPT 课件受众对象为学生，年龄跨度小、个性强。因此，在制作此类 PPT 课件时，其设计风格要符合学生的个性及心理特点。依照此设计主线，设计的 PPT 课件色彩以清淡为主，质感以简洁、扁平的图形为主，文字精练，教学框架严谨，内容生动。

本案例教学过程以问题导入、知识讲授、案例分析为主线，逐步展开教学内容。因此，罗列式框架较适合本案例。

最终完成的 PPT 课件页面效果如图 8-91 所示。

（a）封面

（b）内容页1

图8-91　"汽车保险赔不赔" PPT课件页面效果

（c）内容页 2

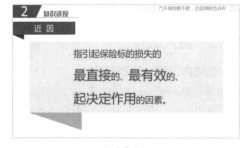

（d）内容页 3

（e）内容页 4　　　　　　　　　　　　　　　　（f）内容页 5

图8-91　"汽车保险赔不赔"PPT课件页面效果（续）

8.5.2　动画分析

在制作 PPT 课件中的动画时，如果能够掌握一些基本原则，则会给制作过程带来很大的方便。下面介绍一些基本的动画制作原则。

1. 自然原则

自然原则指的是在制作动画时，遵照事物本来的发展或变化规律，使其符合人们的认知。

自然原则在动画制作中的表现是：任何动作的出现都是有原因的，任何动作与其前后的动作、周围的动作都是有关联的。在制作动画时，对象本身、周围环境、前后关系、PPT 课件背景及 PPT 课件演示环境的协调都是需要考虑的因素。

常见的自然原则如下。

➢ 球形物体运动时往往伴随着旋转或弹跳。

➢ 两个物体相撞时会发生抖动。

➢ 由远及近时，物体由小到大，反之由大到小。

➢ 场景的更换最好是无接缝效果。

➢ 立体对象变化时，阴影往往也随之变化。

➢ 物体的运动一般是不匀速的，常常伴随着加速、减速、暂停及特写等效果。

2. 适当原则

动画必须与 PPT 课件的演示环境相吻合。此外，过多的动画会冲淡主题，过少的动画则不利于主题在形式上的表达。动画只有因人、因场合、因用途而变，才能收到应有的效果。

3. 创意原则

创意是动画的灵魂。因为创意，动画才能千变万化；因为创意，动画才能不断出奇。再美的动画如果已经司空见惯，就会变得索然无味。动画之所以精彩，其根本就在于创意。

动画设计虽有很多好处，但是动画设计不当也会弄巧成拙。动画应该遵循简洁、快速、适当的原则。简洁即不要过多使用华丽型动画。快速即动画速度最好控制在 0.5 秒左右，过长或过短的动画时间都会让演示过程适得其反。适当指的是动画不是越多越好，遵循适当原则，若动画与静止可以达到同样效果则就不需要使用动画。

8.5.3　进入动画

1. 封面与内容页 1 的动画设计

进入动画是 PowerPoint 2016 中常用的动画效果，主要运用在幻灯片中对象出现的场景，是一个从无到有的过程。图 8-91（a）和图 8-91（b）针对本项目来介绍进入动画。

封面动画设计：在介绍完课题后出现 "赔不赔？" 这三个字和一个标点符号，如图 8-92 所示。

内容页 1 动画设计：在播放完视频后出现 "保险公司会不会赔偿？" 这个句子，如图 8-93 所示。

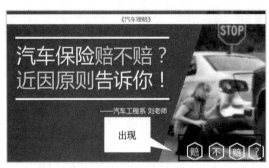

图8-92　封面动画设计

图8-93　内容页1的动画设计

2. 封面的制作过程

① 新建演示文稿文档，默认页面比例设置为 16∶9，插入主题相关图片。

② 插入形状 "矩形" "直角三角形"，调整大小并移动到左侧，作为文字底层色块，设置其形状格式。填充：纯色填充 "深蓝"；线条颜色：无线条。

③ 插入形状 "矩形"，调整大小并移动到上方，输入文字 "《汽车理赔》"。按以下方法设置形状格式。填充：纯色填充 "白色"；线条颜色：无线条；字体：微软雅黑；字号：16；字体颜色：深蓝色。

④ 插入标题文字 "汽车保险赔不赔？近因原则告诉你！"，并进行以下设置。字体：微软雅黑；字号：54；字体颜色：白色、黄色；加阴影。效果如图 8-94 所示。

⑤ 插入形状 "六边形"，并旋转 90°。按以下方法设置形状格式。填充：无填充；线条颜色：实线 "白色"；线型：宽度 "3 磅"。

图8-94　添加并设置标题文本

⑥ 插入文字 "赔不赔？"。设置字体：微软雅黑；字号：24；字体颜色：白色。

3. 封面页的动画制作

选中六边形及内部文字，选择 "动画"→"淡出" 动画，如图 8-95 所示，对象可在放映时单击鼠标后出现。

图8-95　设置动画效果

4. 内容页 1 的制作过程

① 插入形状 "矩形" "直角三角形" "直线"，调整其大小并移动到左上侧，输入文字。按以下方法设置

图形形状格式。填充：纯色填充"深蓝"；线条颜色：无线条；按以下方法设置直线形状格式，线条颜色：实线"深蓝色"；线型：宽度"0.75 磅"。

② 插入素材文件夹中的视频（"'开车并不难'保险篇 车陷'苦海'千万别打火.wmv"）。

③ 插入形状"矩形"，在矩形内输入文字"保险公司会不会赔偿？"。按以下方法设置图形形状格式。填充：纯色填充"深蓝"；线条颜色：无线条；字体：微软雅黑；字号：20、36；填充颜色：白色、黄色；加阴影。文字效果如图8-96 所示。

图8-96　添加文字后的效果

5. 内容页 1 的动画制作

① 选中下方矩形框，单击"动画"选项卡，在"动画"组中选择"其他"→"更多进入效果"命令。

② 在弹出窗口细微型部分中选择"缩放"动画，此时可以在编辑窗口预览动画效果。

8.5.4　叠加动画及时间控制

1. 内容页 2 与内容页 3 的动画设计

内容页 2 的动画设计：在上一页播放视频后依次单击鼠标出现"原因一""原因二""原因三"，并加以强调，如图 8-97 所示。

内容页 3 的动画设计：先出现名词，后出现名词解释，如图 8-98 所示。

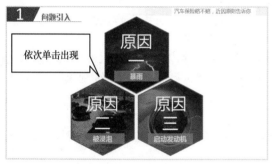

图8-97　内容页2的动画设计

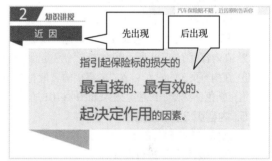

图8-98　内容页3的动画设计

2. 内容页 2 的制作过程

① 插入形状"六边形"，并旋转 90°，按以下方法设置形状格式。填充："图片或纹理填充"，选择相应的图片进行填充；线条颜色：实线"深蓝"；线型：宽度"2 磅"；将图片裁剪成六边形形状，设置边框为"深蓝"；线宽"2 磅"，调整其大小及位置。

② 在六边形中插入文字（"原因一暴雨"；"原因二被浸泡"；"原因三启动发动机"）。

③ 将每个原因对应的图片选中，再选中对象右击，在弹出的菜单中选择"组合"命令，重复两次，将每个原因和对应的图片组合成 3 组。

3. 内容页 2 的动画制作

① 选中原因一的组合，单击"动画"选项卡，在选项卡中选择进入动画"淡出"。

② 执行"动画"→"其他"命令，选择强调动画"脉冲"。

③ 单击"动画"选项卡中的"动画窗格"按钮，在屏幕右侧调出"动画窗格"窗格，如图 8-99 所示。

④ 选择"动画窗格"窗格中第 2 个脉冲动画，右击，在弹出的下拉菜单中"从上一项开始"（见图 8-100）。"单击开始"即单击鼠标后出现动画；"从上一项开始"即本项动画和上一项动画开始时间一致，也就是叠加动画；"从上一项之后开始"即从上一项动画结束后开始本项动画。

图8-99　"动画窗格"窗格

图8-100　设置动画的开始时间

⑤ 设置完组合一的动画后，双击"动画"选项卡中的"动画刷"按钮，鼠标将变成刷子样式，使用鼠标对组合二、组合三依次刷入动画，刷完后单击空白处即可。

动画刷类似于格式刷，可以将源对象的动画刷入其他对象。单击"动画刷"按钮可以实现一次刷入，双击"动画刷"按钮可以实现多次刷入。

4. 内容页 3 的制作过程

① 插入形状"平行四边形""矩形"，调整形状、大小和位置。按以下方法设置对象格式，填充：纯色填充，深蓝色25%、深蓝色50%、土黄色、浅黄色；线条颜色：无线条。

② 在内容页3中输入所需要的文字"指引起保险标的损失的"。字体：微软雅黑；字号：28；填充颜色：深蓝。

③ 在内容页3的输入文字"最直接的、最有效的、起决定作用的因素。"。字体：微软雅黑；字号：28、40；填充颜色：深蓝、红色，效果如图 8-101 所示。

5. 内容页 3 的动画制作

① 选择左上方深蓝色平行四边形和矩形，设置进入动画为"擦除"动画。若下拉列表中没有显示，则选择"更多进入效果"进行设置。

② 选中平行四边形，单击"效果选项"下拉按钮，设置动画方向为"自右侧"，如图 8-102 所示。选中矩形，单击"效果选项"下拉按钮，设置擦除方向为"自左侧"。

③ 设置左上方矩形的动画开始时间为"从上一项之后开始"。

④ 单选左上方平行四边形，单击"动画刷"按钮，对下方土黄色平行四边形刷入动画。

⑤ 单选左上方矩形，单击"动画刷"按钮，对下方浅黄色矩形刷入动画。

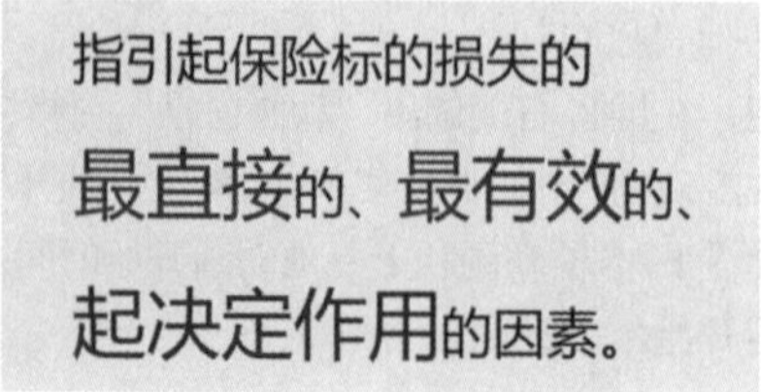

指引起保险标的损失的

最直接的、最有效的、

起决定作用的因素。

图8-101　内容页3的文字效果

图8-102　选择动画方向

8.5.5　路径动画与时间控制

1. 内容页 4 与内容页 5 的动画设计

内容页 4 的动画设计：小圆向右滚动撞击有车辆图片的大圆，大圆中"损"字样出现表示受损，这时底部解释出现，如图 8-103 所示。

内容页 5 的动画设计：小汽车向右行进后撞到树，树倒，爆炸形状出现，表示汽车受损，标注框出现，进行解释，如图 8-104 所示。

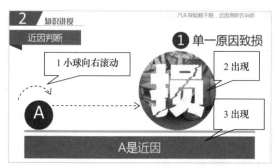
图8-103　内容页4的动画设计

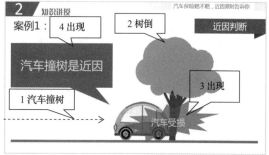
图8-104　内容页5的动画设计

2. 内容页 4 的制作过程

① 插入圆形形状，调整其大小及位置，摆放位置如图 8-103 所示。

② 插入图片，将其裁剪成圆形，进行图片（"损"图片）填充。

③ 插入相关文字"单一原因致损"，字体为微软雅黑。

3. 内容页 4 的动画制作

实现小圆向右滚动的动画：

① 选择小圆，单击"动画"选项卡，在其他动画栏中选择动作路径动画"直线"，如图 8-105 所示。

② 单击"效果选项"下拉按钮，选择方向为"右"（见图 8-106），拖动"控制点"到合适位置，如图 8-107 所示，单击右侧"动画窗格"窗格中的"播放自"按钮，进行路径预览后微调路径。

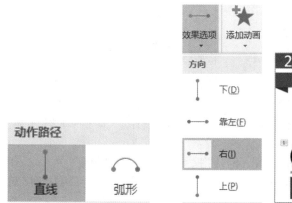
图8-105　选择动作路径动画"直线"　图8-106　选择向"右"

图8-107　拖动控制点

③ 单击小圆，单击"动画"选项卡中的"添加动画"下拉按钮，选择下拉菜单中的"更多强调效果"命令，选择"陀螺旋"动画，如图 8-108 所示，在"动画窗格"窗格中将"陀螺旋"动画的开始时间设为"从上一项开始"，如图 8-109 所示。

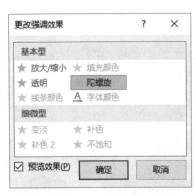

图8-108　选择"陀螺旋"动画　　　　　　　图8-109　设置开始时间

④ 按住<Ctrl>键在"动画窗格"窗格中同时选择两个动画，在"动画"选项卡的"计时"组中调整"持续时间"为1秒，如图8-110所示；也可以右键动画选择"计时"命令，在"动画窗格"窗格中选择"陀螺旋"动画，在"动画"选项卡中单击"效果选项"下拉按钮，选择"旋转两周"，如图8-111所示。

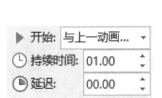

图8-110　调整动画持续时间　　　　　图8-111　设置动画效果

⑤ 实现碰撞后"损"字样出现。选择"损"图片，在"动画"选项卡中选择进入动画"淡出"。

⑥ 在"动画窗格"窗格中选择"损"图片进入动画"淡出"，开始时间设置为"从上一项之后开始"。实现先强调小圆后出现底部解释的效果。

⑦ 选中小圆，单击"动画"选项卡中的"添加动画"下拉按钮，选择强调动画"脉冲"。

⑧ 选中底部解释矩形，设置进入动画"淡出"，单击"动画"选项卡中的"添加动画"下拉按钮，选择强调动画"脉冲"。

⑨ 在"动画窗格"窗格中，将底部解释矩形强调动画"脉冲"的开始时间设置为"从上一项开始"，将底部解释矩形进入动画"淡出"的开始时间设置为"从上一项之后开始"。

4. 内容页 5 的制作过程

① 插入一张汽车图片、两张树图片（树1正常角度，树2顺时针旋转10°），摆放位置如图8-91（f）所示。

② 插入形状"直线""矩形标注""爆炸形"，并输入文字。摆放位置如图 8-91（f）所示。

5. 内容页 5 的动画制作

步骤①~步骤④实现汽车撞树后树倒下的动画。

① 选中小汽车图片，设置进入动画"飞入"，选择"效果选项"为"自左侧"。

② 选中正常角度树 1，设置退出动画"消失"，如图 8-112 所示。

③ 选中倾斜角度树 2，设置进入动画"出现"，如图 8-113 所示。

④ 在"动画窗格"窗格中设置树 2"出现"动画的开始时间为"从上一项开始"，设置树 1"消失"动画开始时间为"从上一项之后开始"，如图 8-114 所示。

图8-112　选择"消失"动画　　图8-113　选择"出现"动画　　　图8-114　设置开始时间

步骤⑤~步骤⑦实现提示信息动画。

⑤ 选中爆炸形状，设置进入动画"缩放"。

⑥ 选中矩形标注形状，设置进入动画"飞入"，如图 8-115 所示。

⑦ 选中"动画窗格"窗格中爆炸形状的进入动画"缩放"，右键单击鼠标选择"效果选项"命令，如图 8-116 所示，在弹出的"缩放"对话框中设置"声音"为"爆炸"，如图 8-117 所示，在"计时"选项卡中将"开始"设置为"上一动画之后"，如图 8-118 所示。

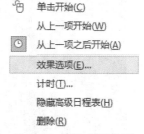

图8-115　选择"缩放"和"飞入"动画　　　图8-116　设置"效果选项"

图8-117　设置动画声音　　　　　　　图8-118　设置开始时间

8.6　本章小结

　　本章详细讲解了 PPT 课件中的动画应用，并以实际案例完整演示了 PPT 课件中动画的设置，解决了 PPT 课件中动画制作的问题。

8.7　实践作业

　　观察汽车仪表盘，完成汽车仪表盘的速度的变化动画，效果如图 8-119 所示。

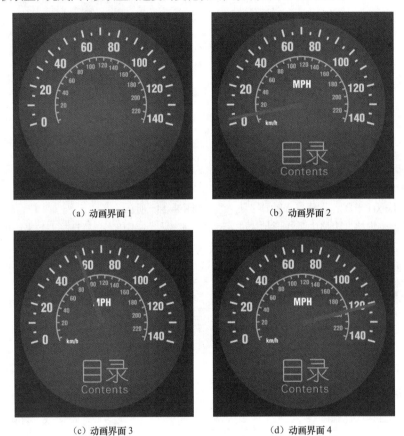

(a) 动画界面 1　　　　　　　　　(b) 动画界面 2

(c) 动画界面 3　　　　　　　　　(d) 动画界面 4

图8-119　仪表盘的动画效果

第 9 章

PPT课件的交互

9.1 PPT 课件交互的常用方式

扫码观看微课视频

具有交互功能是多媒体课件不同于传统媒体课件的一个重要特征。在多媒体课件中，用户除了能够用多种媒体来传递信息之外，还可以灵活控制内容出现的顺序和形式，甚至实现人机对话。这样就可以为不同的学生提供不同的学习方式，有针对性地展示内容，及时获得学生学习情况的反馈。在 PPT 课件中，根据需要的不同，一般使用超链接、动作和触发器 3 种方式实现交互。

9.1.1 超链接应用

超链接是 PPT 课件中实现交互的最常见、最容易实现的方式之一。超链接是一种内容跳转技术，使用超链接可以方便地实现从 PPT 课件中的任意一个内容跳转到另一个内容，这样就可以实现对 PPT 课件内容的重新组织，以满足不同学生对教学内容和教学情景的需要，实现非线性传播。

在 PowerPoint 2016 中，用户可以为幻灯片中的任意对象添加超链接，使用超链接不仅能够链接到 PPT 课件中指定的幻灯片，还能够链接到外部文件。在幻灯片中选择需要添加超链接的对象后，在"插入"选项卡的"链接"组中单击"超链接"按钮，打开"插入超链接"对话框，使用该对话框可以选择链接的目标对象，如图 9-1 所示。

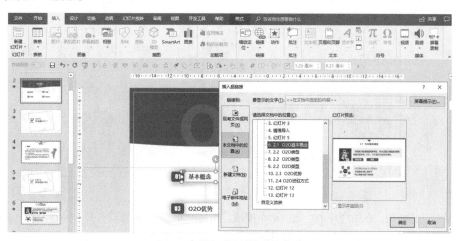

图9-1　"插入超链接"到幻灯片

在为对象添加超链接时，有时需要在鼠标指针放置到该对象上时显示提示信息。要实现这种功能，可以在"插入超链接"对话框中单击"屏幕提示"按钮，打开"设置超链接屏幕提示"对话框，在对话框的"屏幕提示文字"文本框中输入屏幕提示文字，如图 9-2 所示，完成超链接的添加后，播放该幻灯片，单击创建了超链接的对象将能够跳转到指定的幻灯片。鼠标指针放置到对象上时会变为手形并显示文字提示，如图 9-3 所示。

图9-2　输入屏幕提示文字　　　　　　　　　图9-3　添加超链接后的效果

9.1.2　动作应用

PowerPoint 2016 提供了一组动作按钮，这些动作按钮带有预设的链接动作，可以直接添加到幻灯片中，而无须进行设置。幻灯片放映时能实现诸如幻灯片间的跳转、播放声音或影片，以及激活另一个外部应用程序等操作。

打开"插入"选项卡中"插图"组的"形状"下拉列表，"动作按钮"栏中列出了 PowerPoint 2016 内置的动作按钮，如图 9-4 所示。

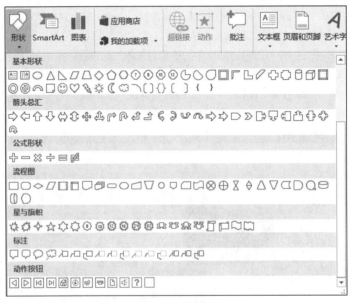

图9-4　动作按钮

单击某个动作按钮，在幻灯片中绘制该动作按钮，PowerPoint 2016 将自动打开"操作设置"对话框，使用该对话框可以对单击动作按钮时产生的动作进行设置，如图 9-5 所示。

图9-5　设置动作按钮的动作

如果需要对按钮设置在鼠标指针移过按钮时的动作，可以在"操作设置"对话框的"鼠标悬停"选项卡中进行设置。由于动作按钮实际上是一个图形对象，因此可以在"绘图工具-格式"选项卡中对按钮的样式进行设置。

另外，用户也可以将动作添加到幻灯片的任意一个对象上。方法是，在幻灯片中选择需要添加动作的对象，在"插入"选项卡的"链接"组中单击"动作"按钮，打开"操作设置"对话框，为选择的对象添加动作，如图 9-6 所示。

图9-6　为对象添加"动作"

9.1.3　触发器的应用

在 PowerPoint 2016 中，触发器实际上是一个对象，相当于一个控制开关，以单击作为触发条件。当这个触发条件得到满足时，能够触发某种动作。在 PowerPoint 2016 中，触发器能够触发的动作一般是动画的播放，触发器也能够对音频和视频的播放和暂停进行控制。触发器是 PPT 课件中实现交互最常用的方式之一，其看似简单，但如果将其与动画效果结合起来，就能够实现很多复杂的交互效果。

在 PowerPoint 2016 中，幻灯片中的任何对象都可以作为触发器使用，如包含文字的文本框、图形、图片及音频或视频图标等。要使用触发器，必须保证已经创建了动画效果。

在创建动画后打开"动画窗格"窗格，在列表中选择需要添加触发器的动画选项。单击该动画选项右侧出现的下三角按钮，在打开的下拉菜单中选择"计时"命令，打开动画设置的对话框，切换到"计时"选项卡。单击对话框中的"触发器"按钮展开设置项，选中"单击下列对象时启动动画效果"单选按钮，在右侧的下拉列表中选择作为触发器的对象，如图 9-7 所示。设置完成后，在幻灯片放映时，单击作为触发器的对象即可让选择的动画开始播放。

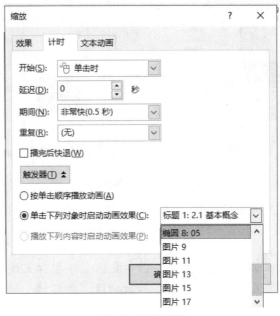

图9-7　设置触发器

　　PowerPoint 2016 中还有一个更简单的设置指定触发器的方法，那就是在选择添加了动画效果的对象后，在"动画"选项卡的"高级动画"组中单击"触发"按钮，在打开的下拉列表中选择用作触发器的对象，如图 9-8 所示。

图9-8　指定触发器

9.2　PPT 课件交互的常用技巧

　　在 PPT 课件中，交互的作用主要体现在控制翻页和让对象按需显示两个方面，为了使 PPT 课件容易操作，在 PPT 课件中常常需要使用大家熟悉的按钮、热区和菜单等。本节将对这些常见交互方式的实现方法进行介绍。

9.2.1　按钮

1. 认识按钮

　　开关按钮指的是那种能够以形态的变化来表示当前所处状态的按钮。这种按钮一般有按钮按下和未按下两种状态，在各类应用程序中经常会见到。例如，在 PowerPoint 2016 "文件"选项卡的"字体"组中，"加粗"按钮就属于这类按钮。当文字处于加粗状态时，该按钮显示为 B（按下或选择状态），而取消文字加粗状态后，该按钮将恢复为正常状态。

在 PPT 课件中，这种开关按钮也是经常被使用的。例如，使用同一个按钮控制声音的播放和停止，声音播放时按钮显示"播放"，声音停止播放时按钮显示"停止"，单击按钮控制声音播放的同时按钮的状态也会发生改变。

开关按钮的特征是具有两种显示状态，一种状态显示时另一种状态将不显示。在 PowerPoint 2016 中，一个对象可以具有多种动画效果，为对象添加进入动画效果，动画播放完成后，对象才会显示；为对象添加退出动画效果，动画播放完成后，对象将从幻灯片中消失。开关按钮的实现正是利用了进入动画和退出动画的特点，通过添加触发器控制进入动画和退出动画的播放，这样对象就可以在需要的时候显示，在不需要的时候消失。

2. 使用按钮

在幻灯片中创建两个文本框，这两个文本框作为一个控制按钮的两个显示状态。为这两个文本框添加进入动画和退出动画，将第二个文本框指定为第一个文本框进入动画和本身退出动画的触发器，将第一个文本框指定为第二个文本框进入动画和其本身退出动画的触发器，如图 9-9 所示。

完成设置后，在幻灯片中将一个文本框覆盖在另一个文本框上，幻灯片放映时即可获得文本框中文字随鼠标单击而发生改变的效果。

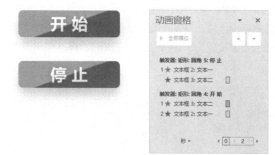

图9-9 为动画指定触发器

图 9-10 展示的是开关按钮的一个经典应用实例。在播放幻灯片时，单击开关上的刀闸，刀闸将落下，同时两个灯泡亮起；再次单击刀闸，刀闸拉起，灯泡熄灭。这里为刀闸对象添加了两个动画：一个是顺时针旋转20°的陀螺旋动画，该动画使刀闸落下；另一个是逆时针旋转20°的陀螺旋动画，该动画使刀闸拉起。

这两个动画均把刀闸对象作为触发器。

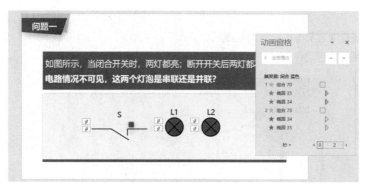

图9-10 开关按钮应用实例

每个灯泡使用两个图形来表示其亮和灭的状态，如图 9-11 所示。

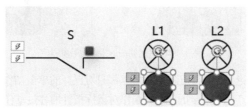

图9-11 使用两个图形表示灯泡的亮和灭

为表示灯泡亮和灭的图形添加进入动画和退出动画，将动画的"开始"设置为"与上一动画同时"，如图 9-12 所示，使用刀闸作为触发器来触发对应的动画效果，即可表示灯在开关不同状态下的亮和灭。

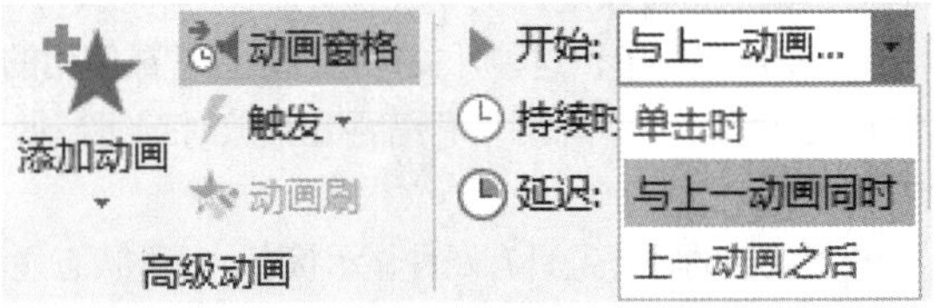

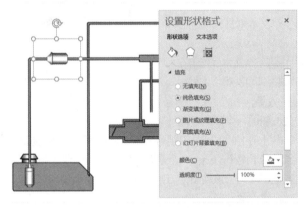

图9-12　将动画的"开始"设置为"与上一动画同时"

9.2.2　热区

热区是一个区域，这个区域能够对鼠标的动作（如单击或移过等）产生响应。从这一点来看，热区实际上相当于一个按钮，只是这个按钮是隐形的，有时候又是不规则图形。

在 PPT 课件中，制作对鼠标单击动作产生响应的热区比较简单，一般需要两个步骤。首先勾勒出不可见的响应区域，一般的操作方法是使用 PowerPoint 2016 提供的绘图工具绘制图形，取消边框线，并将填充色的透明度设置为"100%"，这样该图形将不可见，如图 9-13 所示。

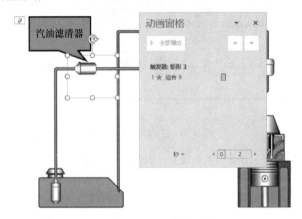

图9-13　绘制图形并使其透明

然后根据需要将这个透明图形指定为触发器，如图 9-14 所示，当幻灯片放映时，单击绘制图形划定的区域就可以产生设定的响应动作。

图9-14　将透明图形指定为触发器

在 PowerPoint 2016 中，无论是超链接还是触发器，都只对鼠标的单击动作产生响应，只有幻灯片中的动作才能对鼠标指针的移过动作产生响应。因此，要制作对鼠标指针的移过动作产生响应的热区，应该在创建热区后为其添加动作。另外，由于动作实际上是一种超链接，其目标对象是幻灯片，因此产生响应的对象需要放置在单独的幻灯片中。

下面介绍在 PowerPoint 2016 中利用动作制作任意形状热区的具体方法，热区将对鼠标指针移过该区域的动作产生响应。

① 绘制动作按钮，并调整动作按钮的大小和角度，使其覆盖目标区域。将动作按钮的线条颜色设置为"无"，同时将填充色的透明度设置为"100%"，如图 9-15 所示。

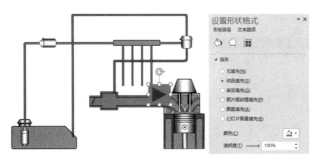

图9-15　绘制动作按钮

② 由于这里需要创建两个热区，将该幻灯片复制一次，在这两张幻灯片中分别放置需要的说明文字，如图 9-16 所示。

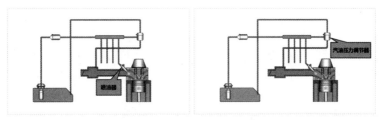

图9-16　在两张幻灯片中添加说明文字

③ 在幻灯片中分别对动作按钮的动作进行设置。首先在"操作设置"对话框的"单击鼠标"选项卡中选中"无动作"单选按钮，取消该动作按钮的鼠标单击动作，如图 9-17 所示。在"鼠标悬停"选项卡中选中"超链接到"单选按钮，在其下的下拉列表中选择"幻灯片"选项，如图 9-18 所示。在打开的"超链接到幻灯片"对话框中选择链接到的目标幻灯片，如图 9-19 所示。完成上述设置后，播放幻灯片，鼠标指针移入热区时将显示对应的提示信息。

图9-17　选中"无动作"单选按钮

图9-18　选择"幻灯片"选项

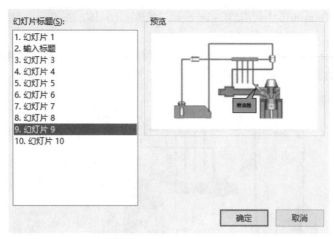

图9-19　选择链接到的目标幻灯片

9.2.3　菜单

菜单是应用程序中一种常见的交互方式，菜单的特征在于其可以折叠，使用它可以起到节省界面空间的作用。在制作 PPT 课件时，当选项较多时，可以使用菜单来实现控制。

菜单的打开方式有两种，一种是单击菜单标题展开选项列表，另一种是鼠标光标移过标题菜单展开选项列表。菜单有两种状态，一种是选项栏展开，另一种是选项栏收起不可见。选项栏在展开状态下，栏中的选项应该对鼠标的单击动作做出响应。从上面的描述可以看出，菜单实际上是开关按钮和热区的综合体。

PPT 课件中的菜单展开方式不同，其制作方式也会有所不同。下面分别对这两类菜单的制作方法进行介绍。

1．单击展开的菜单

单击展开的菜单是通过鼠标单击菜单标题使对应的菜单展开，此时如果存在着其他已经展开的菜单，这些菜单需要收起。这种菜单可以通过进入动画和退出动画使菜单出现和消失，通过触发器来触发进入动画和退出动画以实现对菜单展开和收起的控制。

① 制作菜单并添加动画。制作菜单的展开状态，菜单中的选项应该使用单独的对象，如使用单独的文本框。构成菜单选项栏的各个对象进行组合，然后为组合后的对象添加进入动画和退出动画。一般情况下，为了模拟菜单展开和收起效果，进入动画可以使用自上而下的擦除或切入动画，退出动画可以使用自下而上的擦除或切入动画，如图 9-20 所示。

图9-20　制作菜单并添加动画

② 为动画添加触发器，界面如图 9-21 所示。这里以菜单栏中的标题文本框为触发器，触发器将触发多个动画，包括标题文本框对应的菜单显示，其他菜单消失。在"动画窗格"窗格的顶层单独为各个菜单添加

退出动画"消失"，能保证在幻灯片开始播放时所有菜单都处于收起状态。注意，所有动画的"开始"均需要设置为"与上一动画同时"。触发器和动画添加完成后的效果如图 9-22 所示。

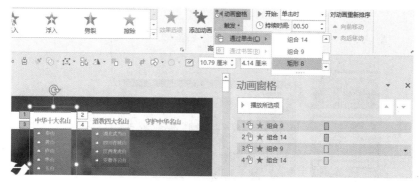

图9-21　添加触发器

图9-22　触发器和动画添加完成后的效果

③ 创建超链接。为菜单中的文本框添加超链接，如图 9-23 所示。这样，菜单中的选项可以在幻灯片放映时控制幻灯片跳转到指定的页面。

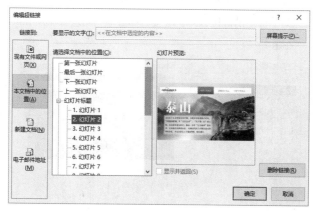

图9-23　创建超链接

2. 鼠标指针移过展开的菜单

鼠标指针移过展开的菜单是当鼠标指针放置到菜单标题上时展开的菜单。与上面介绍的菜单一样，此时其他展开的菜单将收起。这类菜单的制作与热区交互的制作方式类似，下面介绍具体的制作方法。

① 在幻灯片中绘制菜单，并将该幻灯片复制，幻灯片复制的张数必须和菜单的个数相同。每张幻灯片中只能出现一个菜单，为这个菜单的出现添加进入动画，将动画的"开始"设置为"与上一动画同时"，如图 9-24 所示。

图9-24 为幻灯片添加进入动画

② 在第一张幻灯片中选择一个菜单标题，在"插入"选项卡的"链接"组中单击"动作"按钮，打开"操作设置"对话框，在"鼠标悬停"选项卡中选中"超链接到"单选按钮，在下拉列表中选择"幻灯片"选项，如图 9-25 所示。

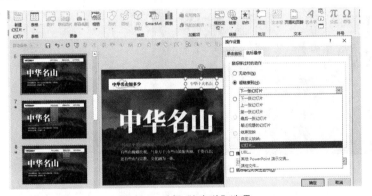

图9-25 选择"幻灯片"选项

③ 在打开的"超链接到幻灯片"对话框中，选择链接的目标幻灯片，如图 9-26 所示。使用相同的方法设置本幻灯片菜单栏中其他菜单标题的链接目标，链接目标必须为对应菜单所在的幻灯片。

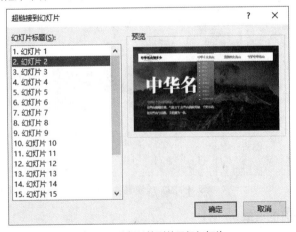

图9-26 选择链接到的目标幻灯片

④ 在各张幻灯片中为菜单标题设置与上述步骤相同的超链接，为幻灯片中菜单选项设置链接的目标幻灯片，在内页幻灯片顶层可以添加一个超过画布范围的透明矩形框，设置超链接返回主页面，如图 9-27 所示，完成设置即完成本例的制作。

图9-27　设置超链接返回主页面

9.3　交互 PPT 课件的制作

教学中的一个重要环节是教学效果反馈，训练题是实现知识巩固和效果反馈的有效方式。本节将介绍 PPT 课件中常见的填空题、选择题和连线题的制作方法。

9.3.1　案例 1：填空题

由于 PowerPoint 2016 在幻灯片放映时不借助 VBA（Visual Basic for Applications, Vians, Visul Basic 的一种宏语言）是无法实现用户输入的，因此，在 PPT 课件中，常见的填空题形式是在幻灯片中给出题目，教师控制答案显示以对学生答题情况做出反馈。

在 PPT 课件中制作填空题的一种方法是，将题目和答案放置在同一张幻灯片中，为答案添加进入动画效果，然后绘制透明形状覆盖答案，以这个透明形状作为触发器来触发答案的进入动画使答案显示。

具体的制作方法如下。

① 在幻灯片中输入填空题文字及正确答案，绘制一个矩形覆盖答案，将矩形的边框线颜色设置为"无"，将填充透明度设置为"100%"，如图 9-28 所示。

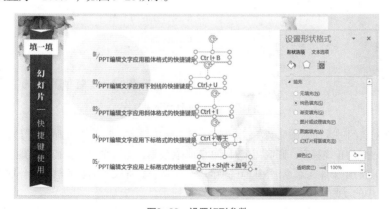

图9-28　设置矩形参数

② 为答案文本框添加进入动画，分别将这些动画的触发器设置为覆盖在答案上的透明矩形，如图 9-29 所示。在放映幻灯片时，单击填空位置即可显示答案，如图 9-30 所示。

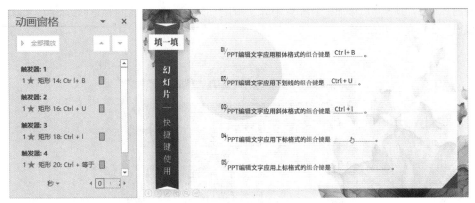

图9-29　为动画添加触发器　　　　　图9-30　单击填空位置显示答案

9.3.2　案例2：选择题

在 PPT 课件中制作选择题，一般需要解决两个问题，一个是在选择题括号中显示学生选择的答案，另一个是对学生的选择做出判断。一般情况下，比较简单的做法是在幻灯片中放置好题干、选择项、答案和正误反馈信息。下面以一个实例来介绍具体的制作方法。

① 在幻灯片中使用文本框输入题目和各个选项，同时输入答案、对号和叉号，为答案、对号和叉号添加进入动画，如图 9-31 所示。这里需要注意，由于一个动画只能指定一个触发器，每个选择题制作一个叉号，为每个叉号添加 3 个进入动画。另外，所有动画的"开始"均要设置为"与上一动画同时"，

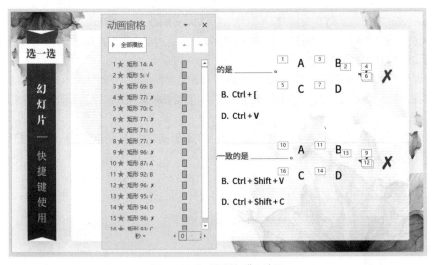

图9-31　为对象添加进入动画

② 为每一个对象的进入动画添加触发器。例如，第一题中答案字母 A 的动画触发器为第一个选项 A 的文本框。由于选项 A 为正确答案，则第一个对号的动画触发器也为该文本框。其他答案字母的触发器为对应的选项文本框，同时由于此题除 A 外其他选项都是错误的，因此叉号动画的触发器分别指定为对应的选项文本框。幻灯片中的动画添加触发器的效果如图 9-32 所示。

③ 将每一题的答案、对号和叉号放置在一起，如图 9-33 所示。至此，这张选择题幻灯片制作完成。放映幻灯片，单击相应的选项将显示选择的答案，并对选择的正误进行判断，如图 9-34 所示。

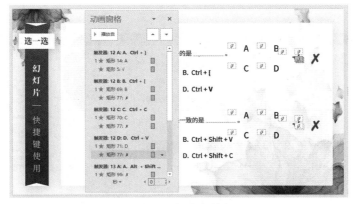

图9-32　为动画添加触发器

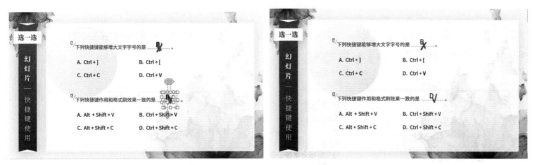

图9-33　将对象放置在一起　　　　　　　　图9-34　显示答案并判断正误

9.3.3　案例3：连线题

由于 PowerPoint 2016 的交互能力有限，单独使用 PowerPoint 2016 制作的连线题并非传统意义上的连线题。传统意义上的连线题能够在任意两个单击点处连线，能够对连线的正误进行判断并删除已经存在的连线。这样的交互效果不使用 VBA 是无法在 PPT 课件中实现的。

在 PPT 课件中能够制作的连线题主要是用于显示连线的正确结果，其制作思路与填空题和选择题的制作思路相同。首先绘制正确的连线方式，然后为连接线段添加进入动画，并为动画指定触发器。这样，在幻灯片播放时，就能够通过触发器控制连线的显示。下面介绍连线题的具体制作方法。

① 在幻灯片中创建连线对象和连接线段，为连接线段添加进入动画，如图 9-35 所示。

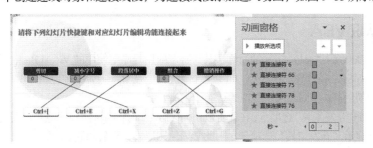

图9-35　添加进入动画

② 为了模拟画线效果，可以为线段添加"擦除"进入动画，同时根据画线的方向来设置动画的效果选项，如将从右上向左下绘制的 3 条线段的"擦除"动画的"效果选项"设置为"自顶部"，如图 9-36 所示。

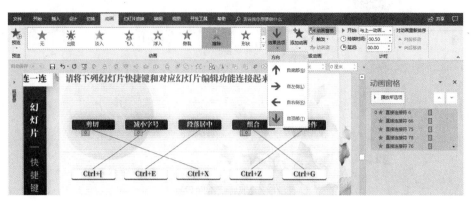

图9-36　设置"效果选项"

③ 为线段的进入动画指定触发器，如图 9-37 所示。在幻灯片放映时，单击快捷键文本框即可获得快捷键和对应幻灯片的连线效果，如图 9-38 所示。

图9-37　为进入动画指定触发器

图9-38　获得连线效果

9.4　VBA 在 PPT 课件中的应用

9.4.1　认识 VBA

VBA 是 Visual Basic for Applications 的简称，其为特定应用程序中使用的 Visual Basic 语言。VBA 内置于 Office 应用程序中，其必须依赖宿主程序（Office）才能运行。在 PowerPoint 中应用 VBA 可以轻松地编写宏程序实现许多单独使用 PowerPoint 无法实现的功能。

功能区上有一个"开发工具"选项卡，在此可以访问 Visual Basic 编辑器和其他开发人员工具。由于 Office 在默认情况下并不显示"开发工具"选项卡，因此必须使用以下过程启用它。

在"文件"选项卡中，选择"选项"以打开"PowerPoint 选项"对话框，选择该对话框左侧的"自定义功能区"，在该对话框中间的"从下列位置选择命令"下拉列表中，选择"常用命令"。在该对话框右侧的"自定义功能区"下拉列表中选择"主选项卡"，然后选中"开发工具"复选框，单击"确定"按钮，如图 9-39 所示。

图9-39　启用"开发工具"选项

启用"开发工具"选项卡后，可以轻松找到"Visual Basic"和"宏"按钮，如图9-40所示。

图9-40　"开发工具"选项卡

9.4.2　案例 4：错误提示

在 PPT 课件中设置选择题可以用之前触发器的方式，但是这种方式比较麻烦，下面介绍如何用 VBA 设计选择题，并且在选错的情况下能够出现错误提示文字。

① 单击"开发工具"选项卡，在"控件"组里面找到"选项按钮"，在画布中单击绘制按钮，如图 9-41 所示。

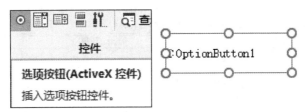

图9-41　绘制按钮

② 选中按钮并右击，选择"属性表"命令，如图 9-42 所示，弹出"属性"窗口，如图 9-43 所示，单击属性中"Font"右侧的"..."按钮，弹出"字体"对话框，如图 9-44 所示。

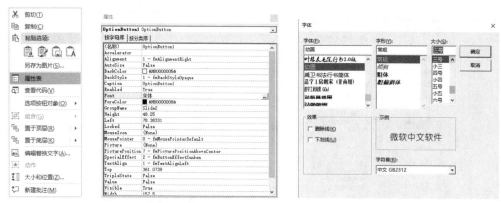

图9-42 "属性表"命令   图9-43 "属性"窗口   图9-44 "字体"对话框

③ 选中按钮并右击，如图 9-45 所示，选择"选项按钮对象"→"编辑"命令，设置文字选项，复制按钮，设置其余选项，如图 9-46 所示。

图9-45 选中按钮

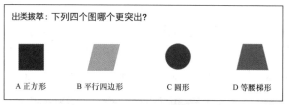

图9-46 设置其余选项

④ 单击"开发工具"选项卡，在"控件"组里找到"命令按钮"，在画布中单击绘制按钮，用同样的方法设置文字属性。如图 9-47 所示。

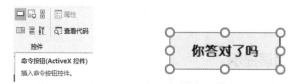

图9-47 设置"命令按钮"

⑤ 双击"命令按钮"进入代码编辑区域，输入如下代码，如图 9-48 所示。

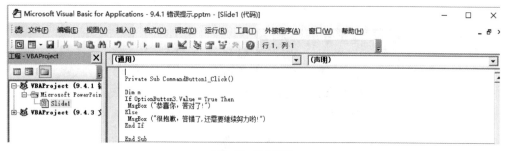

图9-48 输入代码

CommandButton1：插入的"命令按钮"名称，输入名称就可以进行调用；

OptionButton3：插入的"选项按钮"——选项 C 按钮的名称，如图 9-49 所示。利用 If、Else 语句对其进行判断, 如果选择的答案是 "C" 则显示文字 "恭喜你, 答对了!", 反之则显示错误提示 "很抱歉, 答错了, 还需要继续努力哟!"

图9-49　选项C按钮的名称

注意将文件另存为 "启用宏的 PowerPoint 演示文稿 (*.pptm)", 方便运行命令。按组合键<Shift+F5>放映幻灯片, 其选择的答案是 "C" 提示回答正确, 如图 9-50 所示; 若选择其他答案, 则出现错误提示, 效果如图 9-51 所示。

图9-50　运行结果正确提试

图9-51　运行结果错误提试

9.4.3　案例 5: 随机听写

在课堂教学中常需要进行知识回顾练习, 需要随机抽题, 听写题目。下面对随机抽题进行设置。

① 插入一个文本框, 打开 "开始" 选项卡, 在 "编辑" 组中选择 "选择" → "选择窗格" 命令, 打开 "选择" 窗格, 在里面更改文本框的名称, 方便 VBA 调用, 如图 9-52 所示。

图9-52　更改文本框名称

② 打开 "开发工具" 选项卡中的 "Visual Basic" 编辑器, 创建一个模块, 在模块的 "代码" 窗口输入代码, 如图 9-53 所示。

图9-53 "随机出题"代码

在代码中，使用 Rnd 随机数函数获取随机数，由于本例只有 6 个题目，所以表达式 Int（（6 * Rnd）+ 1）将生成 1 ~ 6 之间的随机整数；使用 Select Case 结构来实现多分支选择，该结构在分支较多时十分方便。

③ 切换回 PowerPoint 2016，选择幻灯片中的"随机出题"按钮，在"插入"选项卡的"链接"组中单击"动作"按钮，打开"操作设置"对话框，在"单击鼠标"选项卡中选中"运行宏"单选按钮，在下拉列表中选择"随机出题"如图9-54所示。

图9-54 "操作设置"对话框

④ 同样需要保存为"启用宏的 PowerPoint 演示文稿（*.pptm）"，否则难以调用，放映幻灯片效果如图9-55所示，单击"随机出题"按钮，出现不同的题目。

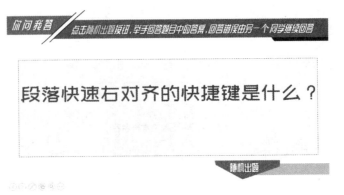

图9-55 实现随机出题

9.4.4 案例6: 文本输入

文本输入题目可以为填空题, 例如诗词大会的答题。图 9-56 所示为诗词填空界面, 可以在 PPT 课件播放的时候输入文字, 在输入的同时可以看到诗词的汉语拼音, 方便理解记忆。下面就来实现这个效果。

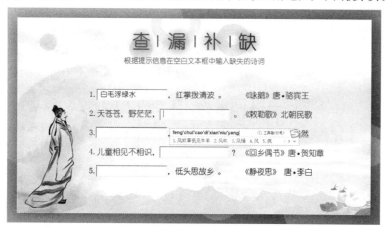

图9-56 诗词填空界面

① 打开 "开发工具" 选项卡, 单击 "控件" 组里面的 "文本框" 并将其绘制在画布上, 如图 9-57 所示。

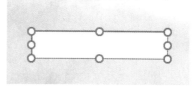

图9-57 绘制 "文本框控件"

② 选中文本框右击, 选择 "属性表" 命令, 打开 "属性" 窗口设置 "BackColor", 如图 9-58 所示, 选择空白颜色格右击, 自定义想要的颜色, 字体设置和前面相同。

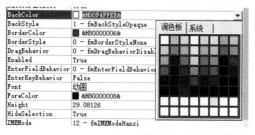

图9-58 设置文字背景色

这样就可以对输入文本和文本框大小进行任意设置了。

9.5 本章小结

交互 PPT 课件让单纯的播放变成了一个交互的过程, 通过鼠标或者触摸屏的单击切换或者触发设置好的动画效果, 可以在 PPT 课件中嵌入习题、测试、游戏等。本章通过几个案例演示了 PPT 课件中常见的超链接应用、动作应用、触发器应用等。

9.6 实践作业

根据本章所学内容与视频，编写代码，添加或减少随机出题题目，如图 9-59 所示。

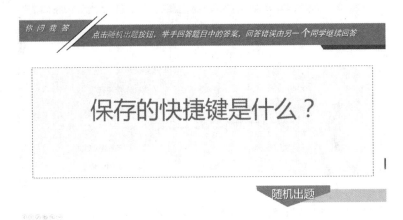

图9-59 随机出题

第 10 章

PPT课件中的插件应用

10.1 设计辅助插件

10.1.1 案例1：OneKeyTools 的使用

OneKeyTools 是一款免费开源的 PowerPoint 第三方平面设计辅助插件，其功能涵盖形状、调色、三维、图片处理、辅助功能等领域，由中国锐普认证设计师、金山稻壳儿平台认证设计师、花瓣网认证设计师、PPT 培训师、PPT 设计师、Office 中国论坛 VSTO 和 PPT 区版主开发，插件自 2.0 版本面世以来逐步受到广大 PPT 设计师和爱好者的喜爱。

扫码观看微课视频

OneKeyTools 官网如图 10-1 所示，下载安装 OneKeyTools（推荐安装在非系统盘），单击"学习 OK 插件"会获取相关插件的使用视频。

在"开发工具"选项卡中，选择"COM 加载项"命令，选中"OneKeyTools for PowerPoint"如图 10-2 所示。

图10-1　OneKeyTools官网

图10-2　加载OneKeyTools

加载后的"OneKeyTools"选项卡如图 10-3 所示。

图10-3　"OneKeyTools"选项卡

关于 OneKeyTools 的详细使用，可以学习官网中的基础视频教程、图文教程、视频教程、长图教程。

在制作 PPT 课件的时候，主要使用 OneKeyTools 的以下功能。

1. 一键去除：去同位图形元素

在"形状组"的 PPT 课件制作里面比较常用的就是"一键去除"的功能，遇到 PPT 课件某一元素在多页分布，并且没有设置母版的时候就可以通过"去同位"一键去除相同位置的元素，如图 10-4 所示。

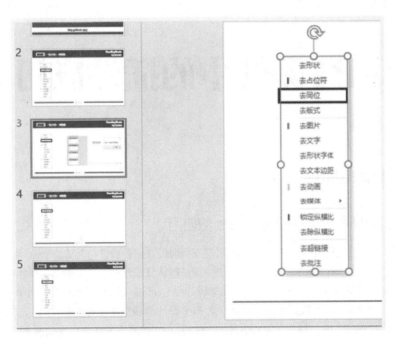

图10-4　"一键去除–去同位"

2. 对齐递进：全屏大小

能快速地将图片等比例地裁剪填充到画布中，制作全图型幻灯片，如图 10-5 所示。

图10-5　制作全图型幻灯片

3. 取色器：替换纯色

需要替换幻灯片里面对象的颜色、形状或者字体，在没有使用主题色的情况下就可以利用"颜色"组中的"取色器–替换纯色"功能，如图 10-6 所示。

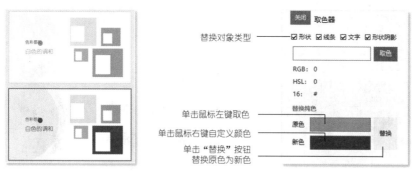

图10-6　"取色器-替换纯色"功能

4. 图片混合：图片填充到形状

OneKeyTools "图形组"里的"图片混合工具"是 Photoshop 图片处理的精简版，在 PPT 课件中可以设置图片的透明度，将图片剪切填充到等大的形状中，然后调节图片透明度。

5. 一键特效

在对图片和图形样式进行设置的时候可以使用"一键特效"功能，制作出有趣的效果，如图 10-7 所示。

微立体　　　　　　　三维折图　　　　　　　图片极坐标

图10-7　对图片和图形进行艺术化处理后的效果

6. OK 拼图：自由拼图

若 PPT 文件大，分享查看麻烦，则可以将 PPT 课件存储为长图片进行分享。具体方法就是选中需要生成的 PPT 课件页面，执行"OK 拼图"中的"自由拼图"命令，其窗口如图 10-8 所示，效果如图 10-9 所示。

图10-8　"自由拼图"窗口

（a）导出前页面效果　　　　　　（b）导出后页面效果

图10-9　自由拼图效果

7. GIF 工具：GIF 动画

作为设计辅助插件，常用 OneKeyTools 制作简单的 GIF 图片。使用"辅助组"里的"GIF 工具"可以进行 GIF 的合并和分解。选中需要制作的图片，注意切换顺序和选中顺序相同，设置"每帧时间"，单击"合并"按钮生成 GIF 图片，如图 10-10 所示。

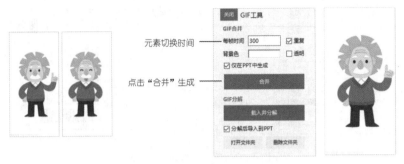

图10-10　"GIF工具-合并"界面

8. 辅助功能：倒计时和沐心放映

PPT课件放映的常用工具是"辅助功能"里面的"倒计时"和"沐心放映"，倒计时工具界面如图10-11所示，在该界面可以设置时间提示等。"沐心放映"是专为课堂设计的放映工具，可以在幻灯片放映时使用，工具功能包括箭头、笔迹、橡皮、黑屏、白屏、结束、关于等，其界面如图10-12所示。

图10-11　倒计时工具界面

图10-12　沐心放映工具界面

9. 文档处理：截取页面

在制作微课的时候，会将PPT课件拆分成单独的一小节PPT课件，针对此项需求，"文档组"推出了"文档处理"功能。只需选择需要的PPT课件页面，如图10-13所示，然后执行"文档处理"中的"截取页面"命令即可，如图10-14所示，即可快捷地拆分PPT课件。

图10-13　选择PPT课件页面

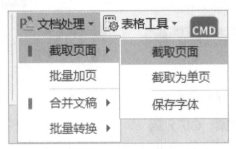

图10-14　"文档处理"中的"截取页面"命令

10. 表格工具: 表格上色

在 PPT 课件中设置表格比较麻烦, 在批量设置表格颜色的时候也需要耗费一定的时间, 表格工具让设置表格操作更加便捷快速, 其具体方法就是选择含有表格的页面或选中单一表格, 然后设置表格填充色, 表格工具中的表格上色操作如图 10-15 所示。

图10-15 "表格工具-表格上色"

10.1.2 案例 2: LvyhTools 的使用

英豪工具箱 (LvyhTools) 是一款第三方的 Microsoft PowerPoint 插件。插件包含 PPT 转 Word、字体收藏、字体导出、顶点编辑、线条编辑、形状编辑、位置分布等众多功能, 如图 10-16 所示。

图10-16 LvyhTools官网

下载并安装 LvyhTools, 加载后的页面的效果如图 10-17 所示。

图10-17 安装LvyhTools的页面效果

LvyhTools 的功能区包括帮助、文件、字体、版式和布局、形状、裁图、动画和其他组别, 下面来分别介绍功能区里面一些常用的命令。

在制作 PPT 课件的时候, 主要使用 LvyhTools 的以下功能。

1. 字体收藏与导出字体

"字体"组添加了"字体收藏设置"的功能, 在制作 PPT 课件时让字体选择更加方便, 打开字体对话框启动器, 收藏常用的字体, 方便制作 PPT 课件的时候调用, 操作示意图如图 10-18 所示。

图10-18   "字体收藏设置"操作示意图

使用的一些特殊字体，可能无法直接嵌入 PPT 课件里面。为了避免在对方计算机上出现字体缺失的问题，快速找到对应字体，插件开发了"字体导出"工具，"字体导出"工具示意图如图 10-19 所示。

2. 占形互转

母版在 PPT 课件中应用比较广泛，但是母版操作比较麻烦，在"版式和布局"组里，使用"占形互转"功能，可以将制作好的版式一键转换为母版。

3. 编辑形状

圆角形状会给人更柔和的感觉，而圆角的形状只有圆角矩形一项，插件在"形状"组里的"编辑形状"中开发了"圆角工具"，在此可以设置圆角的半径和个数，"圆角工具"示意图如图 10-20 所示。

图10-19   "字体导出"工具示意图

图10-20   "圆角工具"示意图

4. 分割图/形

将图片或者形状均匀地分割，可以使用表格，也可以计算比例填充形状。LvyhTools 在"裁图"组开发了"分割图/形"工具，"分割图/形"工具使用示意图如图 10-21 所示。

图10-21　"分割图/形"工具示意图

5. 添加正多边形

PowerPoint 2016 自带的图形不是等边图形，边长存在一定的误差，针对这个问题插件在"形状"组里的"编辑形状"中开发了"添加正多边形"工具，在此可以设置正多边形的边数，"添加正多边形"工具示意图如图 10-22 所示。

图10-22　"添加正多边形"工具示意图

6. 线条相关：选择连线

线条的使用比较广泛，在"线条相关"里面也设置了很多线条应用命令。"选择连线"是根据对象的选择顺序连成一段折线，"选择连线"的功能示意图如图 10-23 所示。

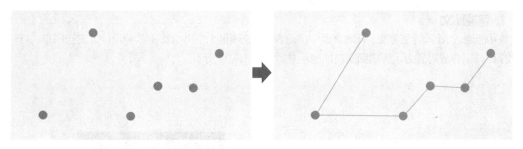

图10-23　"选择连线"的功能示意图

10.2　动画资源插件

扫码观看微课视频

10.2.1　案例 3：口袋动画的使用

口袋动画（Pocket Animation，PA）是由大安工作室独立开发出来的一款 PowerPoint 动画插件。其致力于简化 PPT 动画设计过程,完善 PPT 动画相关功能,为广大 PPT 动画设计者提供了更多的功能支持。如图 10-24 所示，下载并安装口袋动画插件即可使用。

图10-24　口袋动画

口袋动画为新手和专业制作者设计了"专业版"和"盒子版"两种不同的模块。加载后的页面如图 10-25 和图 10-26 所示。

图10-25　专业版"口袋动画PA"选项卡

图10-26　盒子版"口袋动画PA"选项卡

下面介绍"口袋动画-盒子版"相关功能。

1. 智能图文

该功能通过 AI 的智能算法，针对页面中的内容进行智能设计，并且提供多种设计方案让用户进行选择，使 PPT 课件制作省时省力，智能图文功能的示意图如图 10-27 所示。

图10-27　智能图文功能示意图

2. 超级动画库

酷炫、新颖的动画资源库中包含倒计时、流程图、趣味数学曲线等动画。选中对象，一键调用，让 PPT 课件活灵活现，很好地抓住学生的眼球。并且针对不同的幻灯片对象可以添加不同的酷炫效果，"个人设计库"窗口如图 10-28 所示。

图10-28　"个人设计库"窗口

3. 更多智能动画：学科动画

针对教学方面的动画，口袋动画推出了学科动画，学科动画中的元素可编辑，复制调用方便。在个人设计库中选择"学科动画"分类可以看到各类学科动画，如图 10-29 所示。

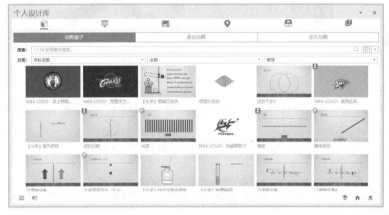

图10-29　"学科动画"分类

4. 一键动画：全文动画

该功能可以给选中的幻灯片对象添加成套的动画和音乐，并生成一个新的 PPT。注意此功能不能多次使用，避免本末倒置，"全文动画"页面如图 10-30 所示。

图10-30　"全文动画"页面

5. 录制动画

使用录制动画，用户可以移动元素的位置、缩放元素的大小，甚至改变元素的属性。使用录制动画功能可以录制元素所有的动态过程，包括录制对象的动作、路径、变形、颜色等属性并生成动画。

6. 超级快闪

超级快闪的文字效果，生动活泼有创意，在对一些关键词进行突出或者对一些概念进行介绍时，快闪动画无疑是最好的选择。只需要输入文字就可以智能生成，根据文字内容智能生成酷炫的快闪动画，"超级快闪"对话框如图 10-31 所示，设置后的页面如图 10-32 所示。

图10-31　"超级快闪"对话框　　　　图10-32　设置超级快闪动画后的页面

7. 幻灯片库

单独页面的幻灯片设计有时候难以着手，口袋动画开发了针对单独页面幻灯片设计的"幻灯片"库，让单独页面幻灯片的设计有了更多的选择。"幻灯片"库中包含各种类型的二元、三元、多元图表、图标，还包含柱状、饼状、折线、曲面、雷达等图库，"幻灯片"库如图 10-33 所示。

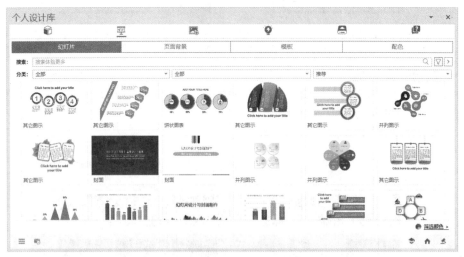

图10-33　"幻灯片"库

8. 页面背景/模板/配色

风格、配色、页面背景设计是模板设计的核心，有了口袋动画之后却又发生了改变，口袋动画中包含背景资源库、模板资源库、配色资源库，可以一键更改替换，也可以对风格一键查看，效果如图 10-34 所示。

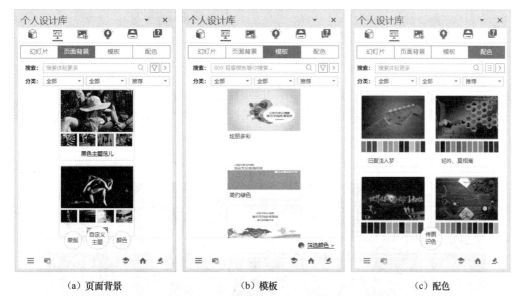

（a）页面背景　　　　　　（b）模板　　　　　　（c）配色

图10-34　页面背景/模板库/智能配色页面

9. 文字云

文字云可以让文字变得创意十足，其形状可变化，文字通过强调次数来突出显示。选择一段文字，执行"文字云"命令，弹出"文字云"对话框，如图 10-35 所示，设置后生成的"文字云"效果如图 10-36 所示。

10. 创意裁剪

创意裁剪提供了丰富而又有创意的图形，让图片变得更有趣味性，例如，羽毛搭配上小鸟的形状，让图片变得更生动有趣。提供丰富的形状让图片可以按照形状进行创意裁剪，如图 10-37 所示。

图10-35　"文字云"对话框

图10-36　"文字云"效果

素材　　　　　　　　　　效果

图10-37　创意裁剪示意图

此外，口袋动画还包含了高清图库、图标、PNG 图，其中的各种高清素材可以一键下载、一键替换。针对其他功能，若用户感兴趣的话可以自己尝试摸索。

10.2.2　案例 4：iSlide 的使用

iSlide 是一款强大易用的 PPT 一键化效率插件，iSlide 拥有大量独特的 PPT 修改和设计功能，内置丰富的设计资源和模板，可以帮助用户一键设计出各种类型的 PPT。iSlide 如图 10-38 所示。

图10-38　iSlide

下载并安装 iSlide，iSlide 的布局很简洁，分为设计、资源、动画、工具和学习等几个主要的模块，加载后的"iSlide"选项卡如图 10-39 所示。

图10-39　"iSlide"选项卡

下面介绍 iSlide 的几个常用功能，方便学生制作 PPT 课件。

1. 一键优化（统一字体）

页面统一、简洁完整是 PPT 的特点，其中字体的使用十分重要，主题字体的设计尤为重要。iSlide 提供了一键统一字体的功能，不仅可以修改主题字体，还可以修改单独页面的字体。"统一字体"界面如图 10-40 所示。

图10-40　"统一字体"界面

2. 一键优化（统一段落）

段落的统一让页面变得整齐有序，进行统一段落设置时，正文的行距以 1.20 ~ 1.30 为宜，"统一段落"
界面如图 10-41 所示。

图10-41 "统一段落"界面

3. 设计排版（矩阵布局）

将页面中的元素规整地进行排列，在操作上可能比较费时费力，但是利用"矩阵布局"就会让排版变得
简单，只要选中元素，调整数值就可以进行快速排版。矩阵布局效果如图 10-42 所示，可通过调节参数，对
元素进行矩阵排列布局。

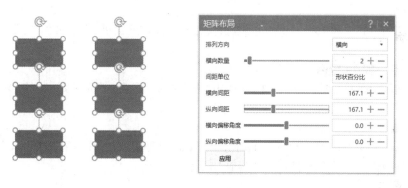

图10-42 设计排版（矩阵布局）

4. 设计排版（环形布局）

将页面中的元素按照圆形进行排列设计，会比较费时费力，但是利用"环形布局"就会变得简单，可以
制作仪表盘等环形设计的元素。环形布局效果如图 10-43 所示，可通过调节参数，对元素进行环形排列布局。

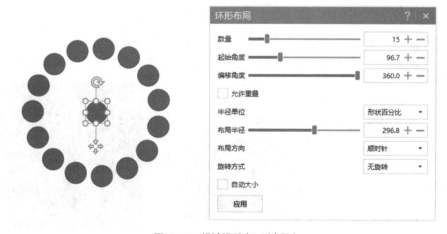

图10-43 设计排版（环形布局）

5. 设计工具

与口袋动画不同的是，iSlide 将一些常用的命令整合在一起，统称为设计工具。利用设计工具可以进行快速设计，设计工具中包含快捷的操作工具和常用命令集合，如图 10-44 所示。

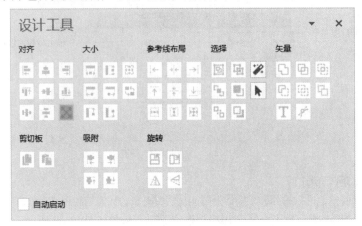

图10-44   设计工具

6. 主题库

插件还提供了 16∶9 和 4∶3 比例的主题模板，使下载套用变得简单方便，可在"主题库"里面下载需要的模板。

7. 色彩库：编辑主题色

配色是模板设计的核心要点之一，而在 PPT 中直接更改主题色会非常费时费力，"色彩库"提供了成套的配色方案，并且支持快速编辑主题色。

8. 图示库

PPT 和 Word 不同的地方就在于 PPT 可视化，图示让内容变得更有逻辑。插件"图示库"提供了大量的图示，涵盖多种类型，图示下载之后会匹配当前主题色。

9. 智能图表

iSlide 提供了丰富且含有创意的智能图表，智能图表形象生动，而且一键编辑数据配色是该插件的主要特色，"智能图表库"界面如图 10-45 所示。选择元素，右击图表，进行智能编辑，多种创意图表可供使用，运用智能图表的页面设置效果如图 10-46 所示。

图10-45   "智能图表库"界面

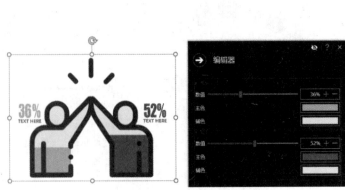

图10-46   运用智能图表的页面设置效果

10. 平滑过渡

平滑过渡是 iSlide 常用的动画效果，能让一个元素平滑地变成另一个元素，并生成动画，平滑过渡效果示意图如图 10-47 所示。

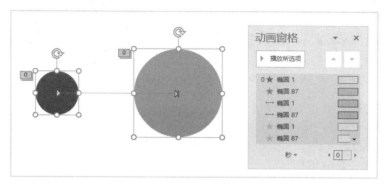

图10-47 平滑过渡效果示意图

11. 图标、图片、插图库

图标可以代替图片显示文字的含义，具有让画面统一的效果，但是图标的下载比较麻烦，"图标库"提供图标的下载，并且颜色大小可调。在 iSlide 的"图片库"里可以直接下载各类高清图片。插图能够更好地融入画面，进行设计，"插图库"的插图是由一个个单独的图形组合起来的，可以更改图形的颜色或者删减图形。

此外，iSlide 还有其他各类提高效率的功能，读者可以自行探索学习。

10.3 课堂互动插件

10.3.1 雨课堂

雨课堂是由清华大学专门推出的教育学习软件。雨课堂将复杂的信息技术手段融入 PowerPoint 和微信中，为课前预习与课堂教学建立沟通桥梁，让课堂互动永不下线。该软件使用方便、操作简单，采用了智能化教学方式，支持课前推送、实时答题、多屏互动、答疑弹幕及学生数据分析等学习方式，同时它还集 PPT 课件内容制作、PPT 课件推送、自动任务提醒功能为一体，帮助教师与学生通过互联网实现教学一体化的全新教育模式。

使用雨课堂，教师可以将带有 MOOC 视频、习题、语音的课前预习 PPT 课件推送到学生手机上，以便师生及时沟通并进行反馈；在课堂上实时答题、弹幕互动，方便课堂教学中师生互动。雨课堂可以进行"课前预习＋实时课堂＋课后考卷"全程教学活动的数据采集，从经验主义向数据主义转换，以全周期、全程的量化数据辅助教师判断分析学生学习情况，以便调整教学进度和教学节奏，做到教学过程可视可控。组合使用线下活动、翻转课堂、项目实验，让师生教学融合更紧密，教学相长。

"雨课堂"界面如图 10-48 所示。

图10-48 "雨课堂"界面

下载安装插件后的"雨课堂"选项卡如图 10-49 所示。

图10-49　"雨课堂"选项卡

雨课堂的功能包括以下几个方面。
➢ 最立体的教学数据。
➢ 覆盖课前、课上、课后每一个环节。
➢ 个性化报表，让教与学更明了。
➢ 自动任务提醒，真正的数据驱动。
➢ 名校课程视频资源随时用。
➢ PPT 制作、学习零成本。
➢ 微信贴身推送。
➢ 最便携的智慧教室。
➢ 实时问答互动。
➢ 学生难点反馈。
➢ 幻灯片推送，支持弹幕。
对于雨课堂的使用方法与过程可以在其官网的"帮助中心"进行查找和学习。

10.3.2　学习通

学习通是面向智能手机、平板计算机等移动终端的移动学习专业平台。用户可以在学习通上自助完成图书馆藏书借阅查询、电子资源搜索下载、图书馆资讯浏览，学习学校课程，进行小组讨论，查看本校通讯录，同时学习通还拥有电子图书、报纸文章及中外文献元数据，为用户提供方便快捷的移动学习服务。

"学习通"界面如图 10-50 所示。

图10-50　"学习通"界面

学习通是一款需要结合泛雅平台使用的手机端互动 App，需要学校付费才能使用，在使用前需要学习泛雅平台教师使用手册，"泛雅平台教师使用手册"界面如图 10-51 所示。

图10-51　"泛雅平台教师使用手册"界面

学习通与 PPT 结合可以实现课上互动，具体包括进行签到、提问、调查、测试、直播、分组等众多功能。学习通与 PPT 结合互动的视频教程，可以扫描参考教程中的"学习通使用指南"。

10.3.3　101 教育 PPT

101 教育 PPT 是网龙网络公司研发的一款服务教师用户的备课授课软件，内含百万级的教学资源及贴合教材版本的 PPT 课件素材，可实现一键备课。该软件提供了教学工具、授课互动工具、3D 资源等，可以辅助教师授课。在课堂上，教师可以通过手机客户端直接操控大屏幕上的 PPT 课件，同时调用软件内置的课堂互动工具、学科工具等。

扫码观看微课视频

"101 教育 PPT"界面如图 10 -52 所示。

图10-52　"101教育PPT"界面

10.4　本章小结

插件的使用可以有效提高 PPT 课件制作的效率。本章介绍了几款功能强大的插件，包括用于设计辅助、动画资源和课堂互动等的插件，选取了最常用的功能进行实例演示，快速解决制作难题，提高设计效率，辅助课堂教学。

10.5　实践作业

　　运用本章所学工具与技巧，以"学习动物"为主题设计一套 PPT 课件的封面，参考效果如图 10-53 所示。

图10-53　学习小动物PPT课件封面的参考效果

第 11 章

PPT课件的打包与共享

11.1　放映前的设置

扫码观看微课视频

PPT 课件文稿制作完成后，有的由授课者播放，有的由学习者自行播放，这就需要通过设置放映方式来进行控制。放映前的幻灯片设置包括幻灯片放映方式的选择、排练计时的控制及录制旁白等相关内容，下面将详细介绍幻灯片放映前的相关知识及操作方法。

11.1.1　设置幻灯片的放映方式

制作 PPT 课件是为了演示和放映。在放映幻灯片时，用户可以根据自己的需要设置放映类型。下面介绍几种放映类型。

1. 幻灯片放映类型

（1）学习者自行浏览

学习者自行浏览方式以一种较小的规模进行放映。以这种方式放映幻灯片时，该幻灯片会出现在小型窗口内，并提供相应的操作命令，允许移动、编辑、复制和打印幻灯片。在这种方式中，可以使用滚动条把从一张幻灯片移动到另一张幻灯片，还可以同时打开其他程序。

（2）授课者放映

授课者放映方式为传统的全屏放映方式。对于这种方式，授课者具有完全的控制权，可以决定采用自动方式放映还是人工方式放映。授课者可以将放映过程暂停、添加会议细节或即席反应，还可以在放映的过程中录下旁白。

（3）展台浏览

展台浏览方式是一种自动运行全屏放映的方式，放映结束 5 分钟之内，若没有指令则重新放映。学习者可以切换幻灯片、单击超链接或动作按钮，但是不可以更改演示文稿。

2. 设置幻灯片放映方式

下面介绍如何设置幻灯片放映方式。

① 打开"西方小学课程的历史与现状.pptx"演示文稿，切换到"幻灯片放映"选项卡，在"设置"组中单击"设置幻灯片放映"按钮，如图 11-1 所示。

图11-1　"幻灯片放映"选项卡

② 弹出"设置放映方式"对话框，在"放映类型"选项组中选中"观众自行浏览（窗口）"单选按钮。在"放映选项"选项组中选中"循环放映，按 Esc 键终止"复选框，如图 11-2 所示。单击"确定"按钮。

③ 按<F5>键进行放映，即可发现幻灯片会以窗口的形式进行放映，如图 11-3 所示。

图11-2　设置放映方式

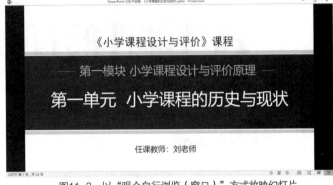

图11-3　以"观众自行浏览（窗口）"方式放映幻灯片

11.1.2　隐藏幻灯片

在 PowerPoint 2016 中，用户可以将不需要的幻灯片进行隐藏，隐藏后的幻灯片在播放时会被跳过不被播放，具体操作方法如下。

① 打开"西方小学课程的历史与现状.pptx"演示文稿，选中要隐藏的幻灯片，切换到"幻灯片放映"选项卡。选择第 2 张幻灯片，然后单击图 11-1 中"设置"组中的"隐藏幻灯片"按钮。

② 对幻灯片执行隐藏操作后，在视图窗格的"幻灯片"选项卡中，该幻灯片的缩略图将呈朦胧状态显示，编号上出现了一条斜线，表示该幻灯片已被隐藏，在放映过程中不会放映，如图 11-4 所示。

（a）隐藏前

（b）隐藏后

图11-4　隐藏幻灯片前后的缩略图对比

此外，还可以通过以下两种方式隐藏幻灯片。

方式一：在视图窗格的"幻灯片"选项卡中，右击需要隐藏的幻灯片，在弹出的快捷菜单中选择"隐藏幻灯片"命令。

方式二：在"幻灯片浏览"视图模式下，右击需要隐藏的幻灯片，在弹出的快捷菜单中选择"隐藏幻灯片"命令。

若要将隐藏的幻灯片显示出来，先将其选中，再单击"隐藏幻灯片"按钮；或对其右击，在弹出的快捷菜单中选择"隐藏幻灯片"命令，从而取消该命令的选中状态。

11.1.3　排练计时

排练计时就是在正式放映前用手动的方式进行换片，PowerPoint 2016 能够自动把手动换片的时间记录下来，如果应用这个时间，那么以后便可以按照这个时间自动进行放映观看，无须人为控制。排练计时的具体操作方法如下。

① 打开"西方小学课程的历史与现状.pptx"演示文稿，切换到"幻灯片放映"选项卡。单击图 11-1 中"设置"组中的"排练计时"按钮。

② 单击该按钮后，将会出现幻灯片放映视图，同时出现"录制"工具栏，如图 11-5 所示。

③ 当放映时间达到 7 秒后，单击，切换到下一张幻灯片，重复此操作。

④ 到达幻灯片末尾时，出现信息提示框，如图 11-6 所示，单击"是"按钮，以保留排练时间，下次播放时按照记录的时间自动播放幻灯片；单击"否"按钮，则放弃保留新的幻灯片计时。

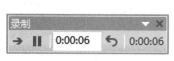

图11-5　"录制"工具栏

图11-6　计时结束的信息提示框

11.1.4　录制旁白

如果要使用演示文稿创建更加生动的视频效果，那么为幻灯片录制旁白就是一种非常好的选择，并且在录制过程中还可以随时暂停录制或继续录制。不过，在录制幻灯片旁白之前，一定要确保计算机中已安装声卡和话筒，并且处于工作状态。

在幻灯片录制过程中，若要结束幻灯片放映的录制操作，只需在当前幻灯片上右击，然后在弹出的快捷菜单中选择"结束放映"命令即可。

具体操作方法如下。

① 打开"西方小学课程的历史与现状.pptx"演示文稿，切换到"幻灯片放映"选项卡，选择第 2 张幻灯片，单击"设置"组中的"录制幻灯片演示"下拉按钮。在弹出的下拉列表中选择"从当前幻灯片开始录制"选项，如图 11-7 所示。

注意：可以根据需要选择不同的录制方式。

② 打开"录制幻灯片演示"对话框，取消选中"幻灯片和动画计时"复选框，如图 11-8 所示。单击"开始录制"按钮开始录制演示的幻灯片。

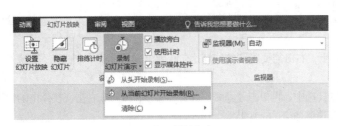
图11-7　设置录制方式

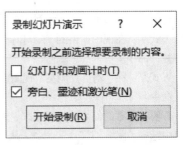
图11-8　"录制幻灯片演示"对话框

③ 返回演示文稿的普通视图状态，第2张幻灯片中将会出现声音图标，如图11-9所示，单击该图标将会自动显示"播放"条，然后在其中单击"播放"按钮，即可收听录制的旁白。

④ 如果选择"从头开始录制"选项，那么就会依据每一页的幻灯片录制相应的音频，录制完成后的PPT课件缩略图如图11-10所示。

图11-9　录制旁白后的声音图标

图11-10　录制旁白后的PPT课件缩略图

录制好旁白后，该演示文稿将按照录制旁白时的时间进行自动播放。

如果要清除所录制的旁白与计时信息，可以通过单击图11-7中的"清除"按钮下的选项来实现。

在"清除"级列表中有4个选项，其作用介绍如下。

➤ 清除当前幻灯片中的计时：可清除当前幻灯片中的计时，即幻灯片中不再显示播放时间，但在放映时可以听到旁白。

➤ 清除所有幻灯片中的计时：可清除所有幻灯片中的计时，即幻灯片中不再显示播放时间，但在放映时可以听到旁白。

➤ 清除当前幻灯片中的旁白：可清除当前幻灯片中的旁白，同时幻灯片中的声音图标消失，此后放映幻灯片时，该幻灯片中不再有授课者的旁白，但会根据录制旁白过程中的录制时间自动放映。

➤ 清除所有幻灯片中的旁白：可清除所有幻灯片中的旁白，此后放映幻灯片时，这些幻灯片中不再有授课者的旁白，但会根据录制旁白过程中的录制时间自动放映。

11.1.5　手动设置放映时间

手动设置放映时间，就是逐一对各张幻灯片设置放映时间。手动设置放映时间的操作方法如下。

打开"西方小学课程的历史与现状.pptx"演示文稿，在演示文稿中选中要设置放映时间的某张幻灯片，切换到"切换"选项卡，在"计时"组的"换片方式"栏中选中"设置自动换片时间"复选框，然后在右侧的微调框中设置当前幻灯片的放映时间，例如，将"设置自动换片时间"修改为"00:08:00"，如图 11–11 所示。使用相同的方法，分别对其他幻灯片设置相应的放映时间即可。

图11–11　手动设置放映时间

如果对每张幻灯片都设置放映时间后，放映幻灯片时就会根据设置的时间进行自动放映。此外，设置好当前幻灯片的放映时间后，如果希望该设置应用到所有的幻灯片中，则可以单击"计时"组中的"全部应用"按钮。

11.2　放映幻灯片

设置好幻灯片的放映方式后，用户就可以对其进行放映了。在放映幻灯片时演示者可以自由控制，主要包括启动与退出幻灯片放映、控制幻灯片放映、添加墨迹注释、设置黑屏或白屏，以及隐藏或显示鼠标指针等，下面将详细介绍放映幻灯片的相关知识及操作方法。

11.2.1　启动与退出幻灯片放映

在设置好幻灯片的放映方式后，就可以放映幻灯片了。首先用户应该掌握启动与退出幻灯片放映的方法。

在 PowerPoint 2016 中，演示者如果准备放映幻灯片，下面将具体介绍其操作方法。

打开"西方小学课程的历史与现状.pptx"演示文稿，切换到图 11–1 中"幻灯片放映"选项卡，单击"开始放映幻灯片"组中的"从头开始"按钮，幻灯片即开始放映。

如果演示者在投影仪或者大的电子屏幕上演示幻灯片，勾选图 11–1 中的"使用演示者视图"放映幻灯片，此时演示屏幕显示如图 11–12（a）所示，而演示者本人看到的画面如图 11–12（b）所示，这更加有利于演示者的操作。

（a）投影仪或电子屏幕显示的画面

（b）演示者本人计算机显示的画面

图11–12　"使用演示者视图"放映幻灯片

在"使用演示者视图"放映幻灯片时，可以在备注里添加演示者需要的信息，这些信息只有演示者本人能看到，而不会被学习者看到。

如果幻灯片放映结束，用户可以按<ESC>键结束放映。

通常情况下，按<F5>快捷键能实现"从头开始"放映幻灯片，按组合键<Shift+F5>能实现"从当前幻灯片开始"，按组合键<Alt+F5>能实现"使用演示者视图"放映幻灯片。

此外，在幻灯片放映时，按<F1>键就会弹出"幻灯片放映帮助"对话框，其能显示放映、排练、墨迹、触摸等状态下的技巧与快捷键，界面如图11-13所示。

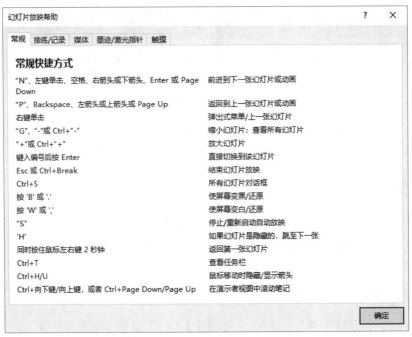

图11-13   "幻灯片放映帮助"对话框

11.2.2   控制幻灯片放映

在放映幻灯片时，用户可以根据具体情境的不同对幻灯片的放映进行控制，如放映上一张或下一张幻灯片、直接定位准备放映的幻灯片、暂停或继续放映幻灯片等操作。

查看整个演示文稿最简单的方式是移动到下一张幻灯片，可以单击鼠标左键、鼠标右键或按<Space bar>键、<Enter>键、<N>键、<Page Down>键、<↓>键、<→>键，也可以从快捷菜单中选择"下一张"命令，或者将鼠标指针移动到屏幕的左下角，单击➡按钮。

要回到上一张幻灯片，可以按<Backspace>键、<P>键、<Page Up>键、<↑>键、<←>键，也可以右击，从快捷菜单中选择"上一张"命令，或者将鼠标指针移动到屏幕的左下角，单击⬅按钮。

在幻灯片放映时，如果要切换到指定的某一张幻灯片，请单击鼠标右键，从快捷菜单中选择"定位至幻灯片"菜单项，然后在级联菜单中选择目标幻灯片的标题。另外，如果要快速回转到第一张幻灯片，请按<Home>键。

11.2.3   添加墨迹注释

在放映幻灯片时，如果需要对幻灯片进行讲解或标注，用户可以直接在幻灯片中添加墨迹注释，如圆圈、下画线、箭头或说明的文字等，用于强调要点或阐明关系，下面将详细介绍添加墨迹注释的相关操作方法。

① 在幻灯片放映页面中，右击任意位置，在弹出的快捷菜单中选择"指针选项"菜单项，在弹出的子菜单中选择准备使用注释的笔形，如选择"笔"菜单项，如图 11-14 所示。

② 在幻灯片页面中，拖动鼠标指针绘制准备使用的标注或文字说明等内容，读者可以看到幻灯片页面上已经被添加了墨迹注释，如图 11-15 所示。

图11-14　选择"笔"菜单项

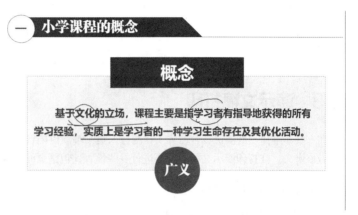

图11-15　使用"笔"留下的注释与文本

③ 幻灯片标记完成后可以继续放映幻灯片，结束放映时，会弹出"Microsoft PowerPoint"对话框，询问用户"是否保留墨迹注释？"，如果准备保留墨迹注释可以单击"保留"按钮，如图 11-16 所示。

④ 返回到普通视图中，用户可以看到添加墨迹注释后标记的效果，通过以上步骤即可完成在幻灯片中添加墨迹注释的操作，如图 11-17 所示。

图11-16　是否保留墨迹注释

图11-17　添加注释后的普通视图

11.2.4　设置黑屏或白屏

为了在幻灯片放映期间进行讲解，用户可以将幻灯片切换为黑屏或白屏以转移学习者的注意力。

黑屏的显示方式为，在放映幻灯片时，右击任意位置，在弹出的菜单中选择"屏幕"菜单项，在弹出的菜单中选择"黑屏"菜单项，或者直接按<B>键或<.>（句点）键。按键盘上的任意键，或者单击，可以继续放映幻灯片。

白屏的显示方式为，在放映幻灯片时，右击任意位置，在弹出的菜单中选择"屏幕"菜单项，在弹出的子菜单中选择"白屏"菜单项，或者直接按<W>键或<,>（逗号）键。按键盘上的任意键，或者单击，可以继续放映幻灯片。

11.2.5 隐藏或显示鼠标指针

在放映幻灯片时，如果觉得鼠标指针出现在屏幕上会干扰幻灯片的放映效果，用户可以将鼠标指针隐藏；需要时，可以通过设置再次将鼠标指针显示出来。

在幻灯片放映页面中，单击右键，在弹出的快捷菜单中选择"指针选项"菜单项，在弹出的子菜单中选择"箭头选项"菜单项，如图 11-14 所示，在弹出的子菜单中选择"永远隐藏"菜单项，这样即可隐藏鼠标指针。

在幻灯片放映过程中，按组合键<Ctrl+H>和组合键<Ctrl+A>，能够分别实现隐藏、显示鼠标指针操作。

11.3 演示文稿打印

在一些非常重要的演讲场合，为了让与会人员了解演讲内容，通常会将演示文稿像 Word 一样打印在纸张上做成讲义。在打印演示文稿前需要进行一些设置，包括页面设置和打印设置等。

11.3.1 页面设置

在打印演示文稿前，应先调整好其中幻灯片的大小以适合各种纸张类型，以及设置幻灯片的打印方向等，具体方法如下。

① 在 PowerPoint 2016 中切换到"设计"选项卡，单击"自定义"组的"幻灯片大小"下拉按钮，选择"自定义幻灯片大小"选项，如图 11-18 所示。

② 弹出"幻灯片大小"对话框，在"幻灯片大小"下拉列表中设置幻灯片大小，在右侧的"方向"栏中设置幻灯片的方向，设置完成后单击"确定"按钮，如图 11-19 所示。

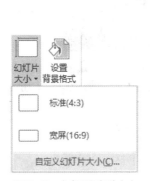

图11-18 自定义幻灯片大小

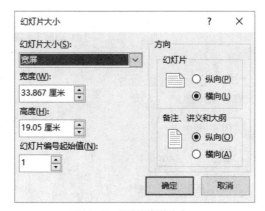

图11-19 设置幻灯片大小

11.3.2 打印设置

在打印演示文稿前，可以进行打印的相关设置，如设置打印范围、打印内容和版式、色彩模式等。

① 打开制作完成的演示文稿，切换到"文件"选项卡，选择"打印"命令，在"设置"选项组中设置打印范围，在这里选择"打印全部幻灯片"选项，如图 11-20 所示。

② 在"设置"选项组中单击默认显示的"整页幻灯片"下拉按钮，在弹出的下拉列表中可以选择打印内容和版式，这里选择"讲义"组中的"2 张幻灯片"选项，如图 11-21 所示。

③ 在"设置"选项组中单击默认显示的"灰度"下拉按钮，在弹出的下拉列表中可以选择打印颜色，分别有"颜色""灰度""纯黑白"3 种，这里选择"纯黑白"选项。

④ 设置完成后，可以在右边窗口中看到最终的打印效果。

图11-20　设置打印范围

图11-21　设置打印版式

11.3.3　打印

所有设置工作完成后，就可以开始打印演示文稿了，具体方法如下。

在图 11-20 中，在"打印机"选项中单击"打印机"下拉按钮，在弹出的下拉菜单中选择当前使用的打印机。在"份数"栏中设置演示文稿的打印份数，最后单击"打印"按钮即可开始打印。

11.4　演示文稿输出与共享

PowerPoint 2016 提供了多种保存、输出演示文稿的方法。用户可以将制作出来的演示文稿输出为多种样式，例如将演示文稿打包，以网页、文件的形式输出等。

11.4.1　打包演示文稿

要在没有安装 PowerPoint 的计算机上运行演示文稿，需要 Microsoft Office PowerPoint Viewer 的支持。在默认情况下，当安装 PowerPoint 时，将自动安装 PowerPoint Viewer，因此可以直接使用将演示文稿打包成 CD 的功能，从而将演示文稿以特殊的形式复制到可刻录光盘、网络或本地磁盘驱动器中，并在其中集成一个 PowerPoint Viewer，以便在任何计算机上都能演示。

① 打开"西方小学课程的历史与现状.pptx"演示文稿，执行"文件"→"导出"命令，如图 11-22 所示，选择"将演示文稿打包成 CD"选项，单击"打包成 CD"按钮弹出"打包成 CD"对话框，如图 11-23 所示。

图11-22　将演示文稿打包成CD

② 单击"选项"按钮，弹出"选项"对话框，如图 11-24 所示，用户可以根据需要进行相应的设置，设置完成后单击"确定"按钮。

③ 返回"打包成CD"对话框，单击"复制到 CD"按钮，弹出提示信息框，单击"是"按钮，根据提示，等待演示文稿打包完成。

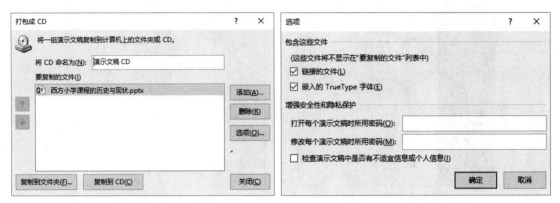

图11-23　"打包成CD"对话框　　　　　　　　图11-24　"选项"对话框

注意：单击"复制到 CD"按钮时，需要在计算机上安装刻录机，如果没有安装，可以单击"复制到文件夹"按钮实现演示文稿的打包。

11.4.2　输出视频

PowerPoint 2016 支持将演示文稿中的幻灯片输出为 MP4 视频。

① 打开"西方小学课程的历史与现状.pptx"演示文稿，执行"文件"→"导出"命令，选择"创建视频"选项，如图 11-25 所示。

图11-25　创建视频

② 单击"创建视频"按钮，弹出"另存为"对话框，如图 11-26 所示，默认的保存类型为 MP4 格式，在"保存类型"下拉列表中选择所需的视频类型，如 WMV 格式，如图 11-27 所示。

图11-26　"另存为"对话框

图11-27　选择"保存类型"

11.4.3　输出 PDF 与其他图片形式

PowerPoint 2016 支持将演示文稿中的幻灯片输出为 GIF、JPG、TIFF、BMP、PNG、WMF 等格式文件。

① 打开"西方小学课程的历史与现状.pptx"演示文稿，执行"文件"→"导出"命令，选择"创建 PDF/XPS 文档"选项，如图 11-28 所示。

② 单击"创建 PDF/XPS"按钮，弹出"发布为 PDF 或 XPS"对话框，如图 11-29 所示。

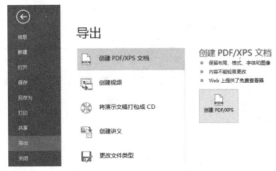
图11-28　"创建PDF/XPS文档"选项

图11-29　"发布为PDF或XPS"对话框

如果输出为其他图片形式，其方法如下。

① 打开"西方小学课程的历史与现状.pptx"演示文稿，执行"文件"→"另存为"命令，弹出"另存为"对话框，如图 11-30 所示。

② 在"保存类型"下拉列表中选择所需的 PDF 格式，单击"保存"按钮即可输出为 PDF 格式文件。

③ 如果要输出为 JPG 格式文件，弹出提示信息框，单击"每张幻灯片"按钮，然后单击"确定"按钮即可完成 JPG 格式文件的输出。

图11-30　"另存为"对话框

11.5　数字大屏幕 PPT 课件演示

某学校旅游专业要在南京某酒店举行"互联网+智慧旅游产业高峰论坛"，酒店会场中央是一块宽高比为 4：1 的数字大屏幕，现在需要为会议制作一个展示的 PPT 课件。

具体步骤如下。

① 启动 PowerPoint 2016，切换到"设计"选项卡，单击"自定义"下的"幻灯片大小"的下拉按钮，选择"自定义幻灯片大小"选项。

② 弹出"幻灯片大小"对话框，在"幻灯片大小"下拉列表中设置幻灯片大小，自定义宽度为 80 厘米，高度为 20 厘米。

③ 设置背景图片为素材文件夹下的图片"风景 1.jpg"，页面效果如图 11-31 所示。

图11-31　设置背景图片

④ 插入用户所需的文本信息，页面效果如图 11-32 所示。

图11-32　插入文本信息后的页面效果

⑤ 复制刚刚做好的幻灯片，修改不同的背景图片后，页面效果如图 11-33 所示。

图11-33　其他页面的效果

⑥ 执行"插入"→"音频"→"PC 上的音频"命令，插入"加勒比海盗.mp3"音频文件作为幻灯片的背景音乐，选择插入的音频文件，在"音频工具-播放"选项卡中设置"开始"方式为"自动"，选中"跨幻灯片播放"复选框和"循环播放，直到停止"复选框，选择"在后台播放"，如图 11-34 所示。

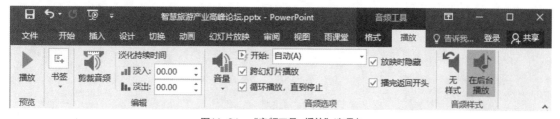

图11-34　"音频工具-播放"选项卡

⑦ 在"切换"选项卡中选择所有幻灯片，设置切换方式为"传送带"，设置"设置自动换片时间"为"00:10:00"（10 秒），如图 11-35 所示。

图11-35　"切换"选项卡

⑧ PPT 课件在会场播放的最终效果如图 11-32 所示。

11.6　本章小结

本章介绍了 PPT 课件的打包与共享，对幻灯片放映前的设置、幻灯片放映过程的控制、演示文稿打印的设置和演示文稿的输出与共享等内容进行了详细讲解，并通过"数字大屏幕 PPT 课件演示"的案例对所学知识加以应用，帮助学习者学以致用，更好地理解和掌握 PPT 课件的打包与共享知识内容。

11.7　实践作业

某校举办的"第二届大学生网络安全知识竞赛"即将举办启动仪式，会场中央是一块宽高比为 3∶1 的数字大屏幕，现在需要为会议制作一个展示的 PPT 课件。参考效果如图 11-36 所示。

图11-36　参考效果

第12章

教学设计PPT课件综合制作实例

12.1 实例展示与技术分析

  《酒店预订》是信息化教学设计比赛英语课程国赛一等奖的作品，该作品除了严谨的结构和别出心裁的教学设计格外吸引人之外，其使用的 PPT 课件也是逻辑与美感并存。在 PPT 课件中大胆使用了黑白配色，大气的图片、灵动的动画都为这个作品额外加分，并且还在图片和动画之间使用了平滑切换效果。

扫码观看微课视频

12.1.1 实例演示

  "酒店预订" PPT 课件一共有 40 页 68 个画面，图片叠底，使用幻灯片背景填充的字幕条，让每一页的内容灵动展现，不规则的视频形状打破常规，PPT 课件展示如图 12-1 所示。

（a）封面

（b）目录

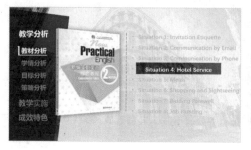

（c）教材分析

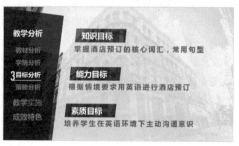

（d）目标分析

图12-1 "酒店预订" PPT课件展示

（e）策略分析　　　　　　　　　　　　　（f）课前体验

（g）课中学练　　　　　　　　　　　　　（h）封底

图12-1　"酒店预订" PPT课件展示（续）

12.1.2　说课稿展示

一份好的 PPT 课件，能让观众在听的同时也能看到相关内容，因此说课稿也是十分重要的，下面展示"酒店预订" PPT 课件的说课稿。

———————————————————— 说课稿 ————————————————————

"酒店预订" PPT 课件的说课稿

【汇报提纲】教学分析—教学过程—成效特色

一、教学分析

课程分析　　"大学英语"是非英语专业学生的一门公共基础课。课程设置依据《高职高专教育英语课程教学基本要求》，遵循"实用为主"的原则，侧重学生英语实际运用及交际能力的培养。教师结合教材内容，将课程设计为八个主题情境。本次课选自酒店服务情境的第一个模块——Hotel Reservation，旨在训练学生在英语环境下预订酒店的能力。

学情分析　　授课对象是高职一年级学生。平台上的学习记录显示，学生个体差异较大，但普遍存在词汇量不足、听说能力弱的情况。课前我们通过问卷调查发现，学生对酒店预订不甚了解；喜欢网络预订，但面临生词障碍；对电话预订口语表达又缺乏信心。

知识目标：掌握酒店预订的核心词汇、常用句型。

教学目标　　能力目标：能够根据情境要求用英语进行酒店预订。

素质目标：培养学生在英语环境下主动沟通意识。

教学重点　　掌握酒店预订的核心词汇、常用句型。

教学难点　　掌握口语表达造句技巧、规范语音语调。

教学时数　　7 学时（一次课）

教学流程　　按照课前、课中、课后三个阶段设置教学内容，要求学生先后完成英语环境下的网络预订任务和电话预订任务。

教学手段　　利用云课程教学平台、微信公众号"微软小英"、Ctrip App、欧路词典 App、Airbnb App 等多种信息化手段打造智慧课堂。

教学组织　根据课前学情分析，因材施教，将学生分为 A 组（培优组）和 B 组（达标组）；并按照组别发放难易不同的任务，实现差异化学习。

教学方法　通过情境教学法、任务驱动法优化教学过程；通过自主学习、小组讨论、人机交互、角色扮演等形式组织具体教学活动。

二、教学过程

本次课分为课前体验、课中学练及课后延伸三个阶段。学生课前完成网络预订任务，课中完成电话预订任务，课后完成拓展预订任务。

（一）课前体验

课前，两组学生在平台上收到难易不同的情境任务，按要求使用 Ctrip App 进行网络预订。学生在操作过程中利用欧路词典 App 屏幕取词，扫除生词障碍；软件精准收录生词，打造专属生词本，同时智能推送相关词汇训练，帮助学生实现个性化自主学习，在做中学、学中做。随后教师通过平台发布词汇测试任务；结果显示，A、B 两组学生成绩良好。至此，我们在课前解决了核心词汇这一教学重点。

（二）课中学练

课中分为两个阶段。

阶段一：网络预订任务总结

各小组代表简要阐述预订该酒店的理由；教师点评过程中进行 Ctrip App 示范操作，同时对预订流程和相关词汇进行梳理和总结，帮助学生内化知识。该过程使学生展示、教师演示更加生动、直观，有效激发学习兴趣。

阶段二：电话预订任务实施

传统口语学习注重背诵固定句型，语音语调问题难以解决。因此，我们借助信息化资源和手段，通过"视听训练""口语强化""会话模拟" 3 个子任务帮助学生有效实现语言的"输入""加工"和"输出"。

子任务 1. 视听训练

A、B 两组学生在移动终端上完成云课程平台推送的难易不同的视听任务。学生可以自由控制播放进度，满足不同听力水平学生的个体需求。我们通过"预订单填写"练习引导学生关注电话预订中的"基本要素"；教师利用云课程平台的智能管理功能，动态追踪学生学习过程，并针对学生任务完成情况进行答疑，同时帮助其总结出电话预订的共性要素"TTP" Type of Room, Time of Checking, Personal Information 和个性要素"S" special Requirements，为了帮助学生理解要素，通过补全对话练习，引导学生总结出针对共性要素的基本句型及针对个性要素的特殊句型。教师讲解利用关键词造句的技巧，帮助学生灵活造句，摆脱死记硬背，从而有效解决常用句型这一教学重点。

子任务 2. 口语强化

针对学生发音不标准、难以出口成句的问题，我们引入智能语伴——"微软小英"。学生在"口语特训"中聆听、跟读、模仿句子发音，规范语音语调。在"情境模拟"中聆听问句，并根据关键词说出答句，有效强化造句技巧。软件即时反馈、即时纠错，改变了传统口语教学中教师分身乏术的情况，极大提高了口语训练的效率，有效了解决教学难点。

子任务 3. 会话模拟

学生根据 A、B 组各自情境任务要求，小组讨论，进行角色扮演。学生依据各组评分标准，通过平台进行组间互评，有效改善了传统课堂上部分学生开小差的问题，促进学生间相互学习、共同提高。最后，教师根据学生综合表现进行点评，A 组学生表达更加流畅标准，B 组学生表达更加完整清晰。该环节鼓励学生主动参与、主动思考、主动实践，从而培养了学生在英语环境下主动沟通的意识。

（三）课后延伸

"今年暑假想去洛杉矶体验冲浪吗？想去好莱坞参观日落大道吗？来精彩纷呈的 Airbnb App，为自己说走就走的旅行预订舒适又便宜的住所吧！"

在课后拓展阶段，教师要求学生登录 Airbnb App 任选一项文化体验活动，并根据活动时间及地点就近选订一处住所；学生进行模拟预订，并将沟通过程上传至教学平台。

教师通过课程平台监控功能查阅拓展作业,追踪学生拓展任务完成情况。

拓展任务既巩固了预订知识、强化听说技能,又使学生真正做到了活学活用,感受沟通成功的喜悦。

三、成效特色

特色1:因材施教,将学生分为培优组和达标组,发布不同任务,实施差异化教学。

特色2:利用云课程平台动态追踪学习过程,实现学习效果的随时监控,适时评价,有效督学。

特色3:基于智能移动端、专用学习软件等多种信息化资源,打造智慧化课堂。

（1）Ctrip App 和 Airbnb App 可以让学生在真实网络预订平台上体验情境。

（2）欧路词典 App 可以帮助学生智能打造专属生词本,精准推送训练,满足学生个性化学习需求。

（3）"微软小英"公众号可以帮助学生掌握造句技巧,规范语音语调,培养主动沟通意识,提升口语表达自信。

随着一带一路倡议的深化,我国将继续加深国际合作与交流。借助信息技术强大力量,推动英语教学改革,培养具有涉外交际能力的高技能人才,是我们不懈努力的方向。

———————————————— 结束 ————————————————

解析:该说课稿分模块设计,严格按照汇报提纲来进行组织,语言精练,内容丰富,结构严谨,逻辑严密,串接得当。

12.1.3　教学过程流程图

说课稿是教学设计讲解的核心内容,流程图可以清晰反映整个教学过程,"酒店预订"PPT 课件中的教学过程流程图如图 12-2 所示。

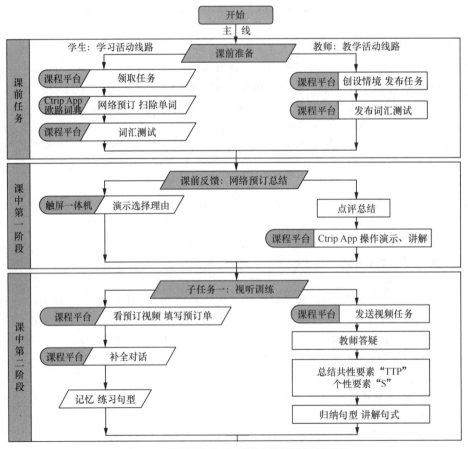

图12-2　"酒店预订"PPT课件中的教学过程流程图

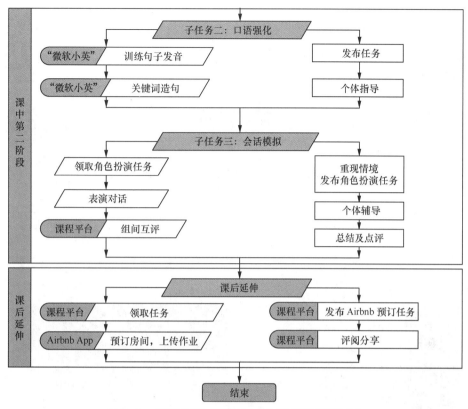

图12-2　"酒店预订"PPT课件中的教学过程流程图（续）

依据说课稿和教学过程流程图，"酒店预订"PPT 课件主要由片头、封面、目录、内页、片尾和封底构成，如图 12-3 所示。

图12-3　"酒店预订"PPT课件构成

片头的作用：简洁导入，开场引题，自然过渡，通过短视频引入本次课的内容，使观看者快速进入作者要表达的内容之中。

封面的作用：展示教师需要汇报的标题，直奔主题。

目录的作用：展示 PPT 课件划分的几个模块，本 PPT 课件的模块为教学分析、教学过程、成效特色。

内页的作用：内页就是教师教学内容的展示，内容的展示需要遵守简约、聚焦的原则。

片尾的作用：主要是升华主题。

封底的作用：汇报结束，教师通常会在上面展示"恳请各位专家评委批评指正"。

扫码观看微课视频

12.1.4　导航展示

教学设计 PPT 课件与普通教学 PPT 课件不同的地方在于它要求导航清晰，"酒店预订" PPT 课件的导航结构设计如图 12-4 所示。

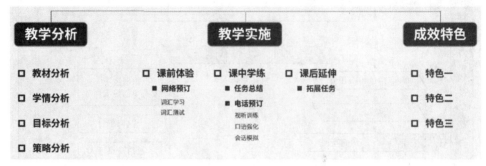

图12-4　"酒店预订"PPT课件的导航结构设计

在此分析的基础上，设计的 PPT 课件模板如图 12-5 所示。

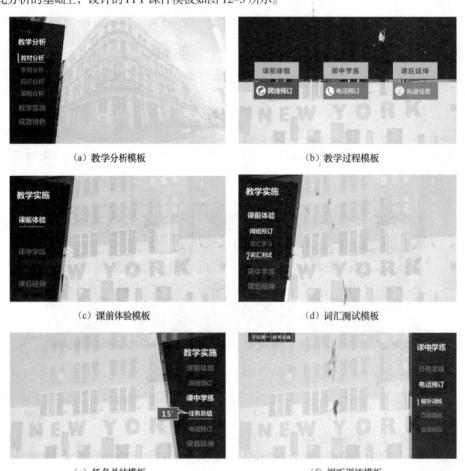

（a）教学分析模板　　　　　　　　　　（b）教学过程模板

（c）课前体验模板　　　　　　　　　　（d）词汇测试模板

（e）任务总结模板　　　　　　　　　　（f）视听训练模板

图12-5　"酒店预订"PPT课件依据导航结构设计的模板

（g）课后延伸模板　　　　　　　　　　　　（h）成效特色模板

图12-5　"酒店预订" PPT课件依据导航结构设计的模板（续）

在作品内页导航的设计中，倾斜的色块作为导航内容的载体，通过字体颜色的变化来确定焦点。不同的位置确定不同的导航，其中重要的页面是教学过程中课前、课中、课后的展示页面，这部分是教学过程的核心。

12.1.5　素材展示

教学设计作品的 PPT 课件主要包括 3 类素材：图片素材、文字素材和视频素材。其中图片素材又分学生照片、软件截图、装饰图片等。

学生照片放置在学情分析部分，介绍学生的具体情况；软件截图主要是 App 截图，例如学生在利用 App 练习时的截图，同时在学情分析模块可利用 PC 端口的截图来说明学生目前的状态。装饰图片主要用来设置图片背景。

视频素材主要分为 3 类，分别是片头和片尾的引入视频，教学过程中学生和教师的视频及软件的录屏。其中，录屏包括手机 App、计算机课程平台或其他录屏等。

12.1.6　CRAP 原则下的文字素材

PPT 课件"酒店预订"中比较重要的文字之一就是导航栏文字，可以看到图 12-1（c）的"教学分析"和图 12-1（g）"课中学练"模块内容被提炼出来，紧密地布置在一起，文字的提炼是教学设计或教学实施报名等 PPT 课件里面最核心的部分，是整个汇报的提纲。

重点部分使用了形状，并使用了幻灯片背景进行填充，这样页面中进行解释的文字就会很好地展示出来。在右侧导航部分，可以看到文字是经过精心设计的，"课中学练"加粗，字体颜色为白色，并进行了突出显示；"电话预订"字号缩小，"视听训练"添加了序号"1"和线条，表示现在是在课中进行电话预订的第一个环节。而其余的文字相对变暗会凸显重点文字，这就体现了 PPT 课件设计中"对比"原则的运用。同时，我们可以看到文字之间的位置间距工整，那么这就体现了 PPT 课件设计中的对齐原则，对齐页面会看上去整齐美观。页面主色是黑白两色，导航的设计是黑色底纹，内容又放在白色块上面，那么这就是重复原则的运用。重复是将 PPT 课件看作一个整体进行设计，而不是随意设计，当然重复不代表一成不变，在设计导航时也将导航栏做了倾斜、移动和旋转等变化。还有一个原则就是亲密原则，亲密就是将相关内容接近设计，在距离上和视觉上都给人亲近感。

12.1.7　动画设计

PPT 课件"酒店预订"的动画效果不是很强烈，动画效果的运用要以适合表现内容为宗旨，而不能单纯为了炫技。"酒店预定"中的动画主要包括视频播放动画和元素组合动画。

视频播放动画中插入的视频最好是 WMV 格式，因为这样在支持视频播放的低版本 PowerPoint 里面也可以进行播放，如图 12-6 所示。

元素组合动画就是除了视频之外的动画设计，还包括 TTP 向左向右的移动、色块的出现、文字的出现等，如图 12-7 所示。

图12-6　视频播放动画

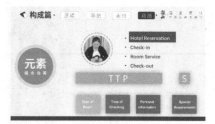

图12-7　元素组合动画

如图 12-8 所示，视频播放动画是要为视频添加播放动画。如图 12-9 所示，图中的小三角为播放动画，绿色的方块为出现动画，黄色的补全内容为强调动画，红色的补全内容为退出动画，蓝色的为补全内容路径动画，而此处将它们组合起来加以应用。

图12-8　视频播放动画应用

图12-9　元素组合动画应用

12.2　技术实现与视频示范

12.2.1　封面、封底、片头、片尾的制作

封面主要由图片、文字和形状构成，图片为全屏放置，并且为了使元素清晰添加了一层黑色的蒙版，文字也添加了阴影，选取图片的颜色作为装饰，形状有旋转的矩形、渐变的平行四边形和一个被剪除的矩形框，如图 12-1（a）所示。

技术要点：图片裁剪比例、形状相交与剪除、形状透明度设置和渐变色块设置。

封底、片头和片尾的制作参考封面的制作。

扫码观看微课视频

12.2.2　目录的制作

目录采用三段式的效果展现方式，可以看目录前面序号的颜色是和封面的颜色一致，其前面的半封闭框也和封面线框的设计基本相同，只不过多了一条能够透视背景的"线"，其实就是一个用幻灯片背景填充的倾斜矩形。目录是由图片、修饰形状和文字三个部分组成的。

本例中的主要目录的页面如图 12-10 所示。

（a）目录1

（b）目录2

图12-10　主要目录的页面

12.2.3　内页导航的制作

内页中的导航有很多，但是重复出现在很多页面中。学生可以看到导航背景是两张图片，在"教学分析"模块中可使用蓝色调的图片，在"教学实施"模块中可使用复古风格的图片；标题使用了统一的字体，通过线条、数字、背景填充等手段让标题的显示更加明显；图片设置为幻灯片背景填充，黑色半透明色块是承载标题的区域，白色透明色块是承载内容的区域，并且通过倾斜角度和改变面积，区分为几块不同的内容。

本例中的主要内页的页面效果如图 12-11 所示。

（a）内页的导航　　　　　　　　　（b）教学过程中的导航

图12-11　内页的页面效果

12.2.4　文字的设计编排

文字是 PPT 课件必不可少的元素。教师可以通过添加项目符号、设置字体粗细、背景叠加或者形状修饰来突出文字内容，辅助文本编排。例如，"目标分析"的两个开放式形状与文字的组合、英文文字与中文文字的和谐搭配、底部突破重点的设计，以及课中对于教学过程的时间分配等，都体现了文字的编排设计技巧。

本例中的主要文字编排的面效果如图 12-12 所示。

（a）教材分析　　　　　　　　　　（b）目标分析

（c）词汇测试　　　　　　　　　　（d）课中学练

图12-12　文字编排的页面效果

12.2.5　图片的选用与处理修改

图片在教学类 PPT 课件中比较常用，如课程标准与教材的展示、手机和计算机的截图、学生照片和软件图标的展示等。图片的选用要求主要是图片清晰、形象直观。多数情况下也要对图片进行二次加工，例如添加边框、智能抠图、样式设置和形状改变等。图片效果的设置增强了图片的识别度，形状的改变使 PPT 课件更加活跃。

扫码观看微课视频

本例中图片应用的页面效果如图 12-13 所示。

（a）课程标准

（b）教材展示

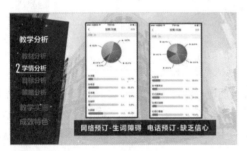

（c）手机截图

（d）计算机截图

（e）学生照片

（f）软件图标

图12-13　图片应用的页面效果

12.2.6　视频的样式与设置

视频基于其独特的观赏性，在 PPT 课件中经常用到，视频常应用在教学过程展示、信息技术展示和趣味情景构建中。视频在 PowerPoint 2016 中可以进行多样化的设置，例如，将视频裁剪成 1∶1 的比例、修改成圆形或者六边形等形状、为视频设置边框和阴影及剪裁视频时间等都可以在 PowerPoint 2016 进行快速设置。

扫码观看微课视频

本例中视频应用的页面效果如图 12-14 所示。

（a）策略分析

（b）视听训练

（c）会话模拟

（d）课后延伸

图12-14　视频应用的页面效果

12.2.7　PPT 课件中的动画设计

扫码观看微课视频

　　PPT 课件中的动画主要是视频播放动画和元素组合动画两种。可以设置视频自动播放或者单击鼠标播放，可以设置视频的进入效果和退出方式；还可以对文字或者形状进行路径调节和图片切换等，这些都是动画的应用。设计合适的动画，需要了解动画使用场合，以便最后的效果呈现。

　　本例中的主要动画页面效果如图 12-15 所示。

（a）视频动画进入

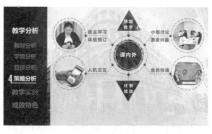
（b）视频动画播放

（c）元素动画进入 1

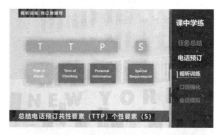
（d）元素动画进入 2

图12-15　动画应用的页面效果

扫码观看微课视频

12.2.8　神奇的平滑动画

　　页面之间的切换效果在 PPT 课件中比较常见，"酒店预订" PPT 课件使用了最新的切换功能——平滑切换。平滑切换功能可以使从一张幻灯片到另一张幻灯片的平滑移动具有动画效果。若要有效地使用平滑切换功能，两张幻灯片至少需要有一个共同对象。最简单的方法就是复制幻灯片，然后将第二张幻灯片上的对象移到其他位置，再对第二张幻灯片应用平滑切换效果。

　　本例中平滑动画应用的页面效果如图 12-16 所示。

（a）切换初始页面　　　　　　　　（b）页面切换 1

（c）页面切换 2　　　　　　　　（d）页面切换完成

图12-16　平滑动画应用的页面效果

12.3　技能拓展

扫码观看微课视频

12.3.1　同类型作品赏析

　　前面详细讲解并展示了一部分教学设计案例 PPT 课件，了解同类型 PPT 课件的设计有助于理解、掌握并迁移知识点，做到举一反三。从逻辑设计与页面设计两个角度出发进行思考，以下是对"青霉素类药物构效关系的分析"与"手机消费市场调查与分析"两个教学设计案例 PPT 课件的具体分析。

　　案例的 PPT 课件页面效果如图 12-17 所示。

（a）封面设计　　　　　　　　（b）教学分析

图12-17　案例PPT课件的页面效果

（c）课中教学

（d）教学特色

（e）封面设计

（f）教学分析

（g）课中教学

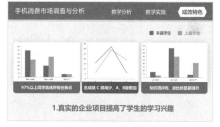

（h）教学特色

图12-17　案例PPT课件的页面效果（续）

12.3.2　图表的设计制作

扫码观看微课视频

图表在 PPT 课件中常会高频率出现。然而，直接插入的图表样式简单、没有美感、数据不突出，这时就要对图表进行艺术加工，改变颜色、优化图例、设置样式和动画设计都会让图表的展示变得更有魅力。

图表页面效果如图 12-18 所示。

（a）饼图

（b）条形图

图12-18　图表页面效果

12.3.3　拓展工具的使用

在 PPT 课件的制作过程中，常会用到一些拓展工具来有效帮助 PPT 课件进行设计和优化。如自带的墨迹公式、OneKey 插件等，这些拓展工具在 PPT 课件中使用比较频繁。常用的拓展工具如图 12-19 所示。

（a）墨迹公式

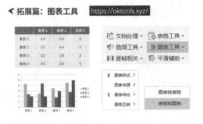

（b）OneKey 插件"表格转图表"

图12-19　常用的拓展工具

参考文献

［1］ 丁春兰. PowerPoint 课件设计与制作［M］. 镇江：江苏大学出版社，2018.

［2］ 於文刚，安进，刘万辉. PPT 设计与制作实战教程［M］. 北京：机械工业出版社，2017.

［3］ 缪亮，范立京. 精通 PPT 课件设计与制作［M］. 北京：清华大学出版社，2018.

［4］ 缪亮，隋春荣. PowerPoint 多媒体课件制作实用教程［M］. 北京：清华大学出版社，2018.

［5］ 孙方. PowerPoint！让教学更精彩：PPT 课件高效制作［M］. 北京：电子工业出版社，2015.

［6］ 於文刚，刘万辉. Office 2010 办公软件高级应用实例教程［M］. 北京：机械工业出版社，2015.

［7］ 方其桂. PowerPoint 多媒体课件制作实例教程［M］. 北京：清华大学出版社，2019.

［8］ 陈婉君. 妙哉！PPT 就该这么学［M］. 北京：清华大学出版社，2015.

［9］ 刘嫔，张卉. PowerPoint 多媒体课件制作案例教程［M］. 北京：人民邮电出版社，2015.

［10］ 杨臻. PPT，要你好看（第 2 版）［M］. 北京：电子工业出版社，2015.

［11］ 前沿文化. 如何设计吸引人的 PPT［M］. 北京：科学出版社，2014.

［12］ 李彤，郑向虹. 引人入胜——专业的商务 PPT 制作真经［M］. 北京：电子工业出版社，2014.

［13］ 楚飞. 绝了可以这样搞定 PPT［M］. 北京：人民邮电出版社，2014.

［14］ 陈魁. PPT 动画传奇［M］. 北京：电子工业出版社，2014.

［15］ 李康，梁斌. 课件设计理论与制作技术［M］. 广州：暨南大学出版社，2009.